Kremer/Gosselck/Janke • Erlebnis Küste

Bruno P. Kremer / Fritz Gosselck / Klaus Janke

Erlebnis Küste

Naturkundliche Streifzüge an Nord- und Ostsee

Quelle & Meyer Verlag Wiebelsheim

Die Angaben in diesem Buch sind von den Autoren und dem Verlag sorgfältig erwogen und geprüft, dennoch kann keine Garantie übernommen werden. eine Haftung der Autoren bzw. des Verlags und seiner Beauftragten für Personen-, Sach- und Vermögensschäden ist ausgeschlossen.

Bibliografische Information der Deutschen Nationalbibliothek
Die Deutsche Nationalbibliothek verzeichnet diese Publikation in der Deutschen Nationalbibliografie; detaillierte bibliografische Daten sind im Internet über http://dnb.d-nb.de abrufbar.

1. Auflage 2012

www.verlagsgemeinschaft.com

Umschlagbilder: Autoren, Quelle & Meyer Verlag
Druck und Verarbeitung: Reálszisztéma Dabas Druckerei Ag
www.dabasprint.hu
ISBN 978-3-494-01500-2

Inhalt

Die Autoren

Dr. Bruno P. Kremer
Geboren in Linz am Rhein, Studium der Biologie, Chemie und Geologie; Diplom (Biologie), Staatsexamen (Lehramt an Gymnasien), Promotion zum Dr. rer. nat., Tätigkeit in der Forschung und als Wissenschaftsjournalist, bis 2012 an der Universität zu Köln tätig im Zentrum für Mathematische und Naturwissenschaftliche Bildung/Institut für Biologie und ihre Didaktik. Arbeitsschwerpunkte zunächst Labor- und Feldforschung zu Problemen der biochemischen Ökologie, später zunehmend Bearbeitung regionalkundlicher Themengebiete. Zahlreiche Zeitschriften- und Buchveröffentlichungen zu biologisch-ökologischen Sachthemen sowie zur Naturerlebnispädagogik.

Dr. Fritz Gosselck
Geboren in Rostock, studierte an der Universität Rostock Biologie und spezialisierte sich auf das Fach Meeresbiologie. Er nahm an zahlreichen Forschungsreisen in den Atlantischen und Indischen Ozean teil und promovierte über Lebensgemeinschaften des Meeresbodens in den Aufquellgebieten vor Westafrika. Seit 1980 ist sein Forschungsobjekt das Meer vor der Haustür, die Ostsee, geworden. Dabei beschäftigen ihn die Probleme des Nährstoffeintrags, die Tiere und Pflanzen des Brackwassermeeres sowie der Meeresnaturschutz. In seiner Freizeit ist er seit über 50 Jahren auf der Insel Langenwerder als „Vogelwärter" tätig. Fritz Gosselck ist weiterhin als Meeresbiologe tätig. Er lebt in der Nähe von Rostock.

Dr. Klaus Janke
Geboren in Husum, promovierte an der Universität Kiel im Fach Biologie mit den Schwerpunkten marine Zoologie, Ökologie, Biologische Meereskunde, Ornithologie und Physikalische Ozeanographie. Zudem arbeitete er viele Jahre als Gastforscher und Mitarbeiter an der Biologischen Anstalt auf Helgoland. Sein besonderes wissenschaftliches Interesse gilt seither den Lebensgemeinschaften in den Gezeiten- und Flachwasserzonen der europäischen Meeresküsten. Seit Oktober 1991 leitet Klaus Janke den Nationalpark Hamburgisches Wattenmeer. Im Verlag Quelle & Meyer ist jüngst auch ein Buch über die Mollusken an Nord- und Ostsee erschienen.

Erlebnisraum Meeresküste

Die Erde ist blau

Nur aus der Nähe betrachtet ist unsere Erde eine weithin grüne Welt mit Wäldern und Wiesen. Aus dem erdnahen Weltraum zeigt sie sich dagegen als blauer, weil als einziger im Sonnensystem wasserbetonter Planet – ein „leuchtender Saphir auf dem schwarzen Samt des Raumes“, wie amerikanische Astronauten anlässlich der ersten Mondumrundungen (Apollo 8, Dezember 1968) aus der damals noch ungewohnten Perspektive des erdnahen Orbit beeindruckt anmerkten. Zumindest bei der Betrachtung ihrer Oberfläche ist die Erde tatsächlich ein Wasserplanet.

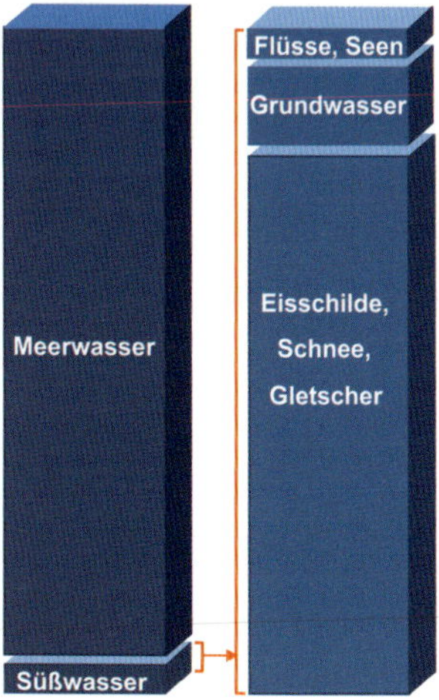

Wasserkompartimente der Erde

Als die Portugiesen und Spanier ab dem 15. Jahrhundert zu Entdeckungs- und Eroberungsexpeditionen auszogen und damit den Gesichtskreis über die bekannte Welt der Antike hinaus beträchtlich erweiterten, lieferten ihre Kartierungen zunehmend die wichtige Erkenntnis, dass unser Heimatplanet tatsächlich überwiegend ozeanisch ist: Von den 510 Millionen km^2 Gesamtoberfläche der Erde sind nahezu 71% oder 361,1 Millionen km^2 wasserbedeckt – das sind etwas mehr als zwei Drittel.

Landseiten und Wasserpole

Aus mancherlei Gründen rücken Schulatlanten und Weltkarten jeweils die Festländer der Erde in den Mittelpunkt und zeigen die einbettenden Ozeane fast immer nur im randlichen Anschnitt. Mit Hilfe von google-earth kann man sich die Sachlage dagegen realistischer darstellen lassen: Dreht man den Globus so, dass der Mittelpunkt im nordwestlichen Frankreich liegt, hat man die so genannte Landhalbkugel vor Augen und sieht jetzt die Erdhemisphäre mit dem ausgedehntesten Festlandanteil.

Dieser ist aber nur zu knapp 49% Kontinentgebiet. Etwas mehr als die Hälfte sind auch aus dieser Perspektive wasserbedeckt. Die andere und womöglich angemessenere Ansicht gewinnt man, wenn man den Mittelpunkt des virtuellen Globus südöstlich von Neuseeland legt: Dann zeigt sich die Wasserhalbkugel mit dem größtmöglichen ozeanischen Anteil – und immerhin rund 91% Meer. Aber selbst der konventionelle Blick auf die beiden durch den Äquator getrennten Erdhemisphären zeigt den erheblich größeren Flächenanteil des Meeres: Auf der Südhemisphäre beträgt er rund 81%, denn hier steuern nur die Südspitzen der Großkontinente Südamerika und Afrika sowie die beiden Kleinkontinente Australien und Antarktika zur Kontinentbedeckung bei. Auf der Nordhalbkugel schränken dagegen die große Landmasse von Nordamerika (mit Grönland) und der flächengroße Kontinentblock Eurasien den Meeresanteil auf etwa 61% ein.

Nur ein Eierbecher voll

Die insgesamt auf der Erde in Atmosphäre (Lufthülle), Hydrosphäre (Wasserhülle) und Lithosphäre (Gesteine) vorhandene Gesamtwassermenge beträgt rund 1,37 Milliarden km^3. Die irdische Hydrosphäre ist ganz überwiegend marine Umwelt, denn die Weltmeere umfassen davon

Das Meer erscheint unermesslich weit.

mit rund 97% Volumenanteil die weitaus größte Portion. Nur annähernd 3% sind Süßwasser. Der irdische Süßwasservorrat macht demnach etwa 35 Mio. km^3 aus – das ist trotz des Anteils im einstelligen Prozentbereich mehr als das zehnfache Wasservolumen vom Mittelmeer. Etwas mehr als die Hälfte davon ist in Gletschern, Schneeauflage der Hochgebirge und Polareis gebunden. Nur der kleinere Rest von einem Fünftel (= 0,52% des Gesamtvorrates) bildet die Oberflächengewässer, die Bodenfeuchte und den Grundwasservorrat in Boden oder Gestein. Ein Vergleich veranschaulicht die tatsächlichen Verhältnisse: Von einem Wassereimer mit 10 L Fassungsvermögen, der modellhaft für den Gesamtwasservorrat der Erde stehen mag, entspricht nur die Füllung eines Eierbechers (35 mL) der Wassermenge in Bächen, Flüssen und Seen.

Woher stammt das Wasser?

Von allen übrigen erdähnlichen Planeten des Sonnensystems (Merkur, Venus, Mars) ist nur die Erde mit erstaunlich viel Wasser ausgestattet. Dessen Herkunft ist letztlich noch nicht geklärt. Einen Teil davon könnten bereits die größeren Materiebrocken (Planetesimale) mitgebracht haben, aus denen sich der Festkörper Erde vor etwa 4,7 Mrd. Jahren bildete. Durch Ausgasung aus dem anfangs noch sehr heißen Gestein entwickelte sich eine erste Atmosphäre, die unter anderem auch Wasserdampf enthielt. Eine weitere frühere Wasserquelle sind vermutlich auf die Erde stürzende Objekte aus dem äußeren Asteroidengürtel gewesen: In Meteoriten hat man bezeichnenderweise die gleichen Mengenverhältnisse der beiden Wasserstoff-Sorten Protium (1H, mit einem Proton im Kern) und Deuterium (2H, mit einem Proton und einem Neutron im Kern) aufweisen wie ozeanisches Wasser.

Wasser ist ein ungewöhnlich vielseitiger Lebens- und Erlebnisraum.

Lebensraum Meer –
Weite, Tiefe, Gliederung

Vom Meer erleben wir meist nur den unverhältnismäßig schmalen Küstensaum zwischen Hochwassermarke und Horizontlinie. Aber selbst wenn man sich vorstellt, dass unsere Erde – zumindest nach dem Erscheinungsbild ihrer Oberfläche – ein Wasserplanet ist, erweist sich diese Sicht als ziemlich eingeengt, auch wenn der Blick bis zum Horizont reicht.

Einen besseren Eindruck von den ozeanischen Weiten gewinnt man erst, wenn man eine außereuropäische Küste ansteuert und nun im Flieger mehrere Stunden über dem offenen Ozean zubringt. Der Blick aus dem Kabinenfenster zeigt wirklich nur Wasser – als endlos schimmernde Fläche ein rundes Dutzend Kilometer tiefer unten oder als horizontweit ausgebreitete Wolkenfelder. Das Bild ist aufschlussreich: Seit Urzeiten ist Wasser in den irdischen Kreisläufen unterwegs. Was Sie Stunden später

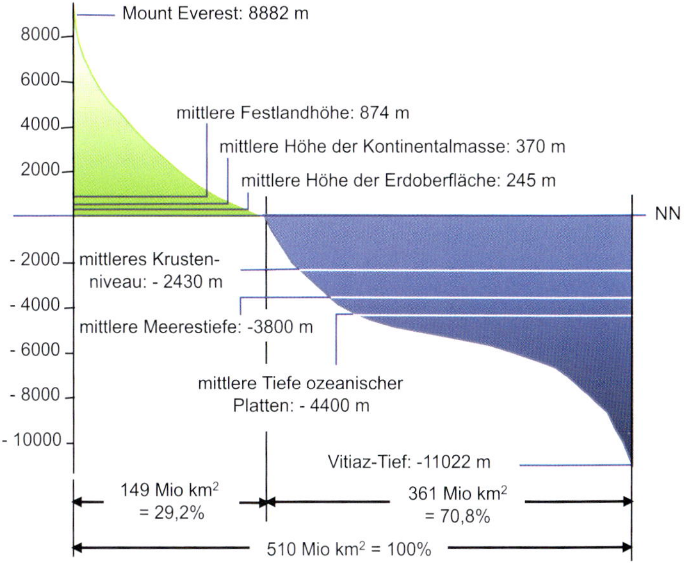

Höhen und Tiefen der Erdoberfläche

am Strand umbrandet oder im Fünfuhrtee erquickt, könnte schon einmal die Träne eines Dinosauriers gewesen sein, aber ebenso ein Tautropfen in vorantiken Paradiesgärten oder erst letztes Jahr ein Nebeltropfen im tropischen Regenwald.

Festland – eine filmdünne Lebensfläche

Im globalen Maßstab betrachtet ist die festländische Biosphäre wirklich nur ein dünner Belag: Vom tiefsten Wurzelraum der Pflanzen bis zu den Kronenspitzen der höchsten Bäume sind es selten mehr als 100 m. Wie anders stellt sich das Großgewässer Meer dar: Die Ozeane und ihre Randmeere sind eben nicht nur Lebensfläche – sie erstrecken sich auch beträchtlich in die Tiefe, im Extremfall über rund 11000 m. Mit ihren annähernd 1,38 Milliarden km^3 Inhalt trägt die marine Umwelt die Kennzeichnung als Lebensraum daher ungleich zutreffender als der dünne von Leben erfüllte biosphärische Film, der das Festland mit einer grünen Pflanzendecke überzieht.
Wenn man allerdings die aus der Oberflächensicht so dominante wässrige Welt wieder zur Gesamtgröße der Erdkugel in Beziehung setzt, schwinden auch die gewaltigen Wassermassen der Ozeane fast zum Nichts: Auf einem gewöhnlichen Schulglobus von 40 cm Durchmesser würde die mittlere Meerestiefe lediglich eine Wasserhaut von 0,1 mm Dicke ausmachen – nicht einmal so viel, wie zwei Seiten dieses Buches dick sind. So betrachtet erweisen sich die Ozeane trotz ihrer gewaltigen Breiten- und Tiefenausdehnung als dünner Überzug, gleichsam als Feuchtebelag des Festkörpers Erde. Das Massenverhältnis des Gesamtfestkörpers Erde zu seinem Gesamtwasservorrat beträgt nämlich nur etwa 5000:1.

Man sieht nie, wie viel darunter verborgen ist.

Horizontal und vertikal

Ein so gewaltiger Lebensraum wie das Meer, das – räumlich betrachtet – nahezu 99 der gesamten Biosphäre ausmacht, ist natürlich kein einheitliches Gebilde.

In horizontaler Richtung gliedert man das Meer und damit auch Nord- sowie Ostsee in zwei Hauptlebensräume: Das Benthal ist der Meeresboden und umfasst alle Lebensgemeinschaften mit Bodenkontakt, während zum ungleich größeren Pelagial alle Arten aus den Freiwasserräumen gehören. Der oberste, etwa bis zur 200-m-Tiefenlinie hinab reichende Teil des Benthals bildet das Litoral, der zugehörige Freiwasserraum das Epipelagial. Nur dessen obersten Teilraum kann man als Urlauber oder Taucher aktiv erleben. Die Grenzziehung zur Tiefe hängt mit der maximalen Eindringtiefe des Lichtes zusammen: Nur wo noch genügend Sonnenlicht in die Wasserschichten fällt, können Planktonalgen und Tange gedeihen, fotosynthetisch aktiv sein und somit die Nahrungsbasis für alle anderen Wasseretagen produzieren. Übrigens stammt jedes zweite Sauerstoffmolekül, das wir einatmen, aus der Produktion im Litoral bzw. Epipelagial. Im vergleichsweise trüben Küstenwasser von Nord- und Ostsee reicht das Licht auch an brillanten Sommersonnentagen selten tiefer als 10–15 m. Nur in Klarwassergebieten gelangen geringe Lichtmengen bis in 200 m Tiefe, darunter erstreckt sich das Schattenreich des Dauerdunkels. Der weitaus größte Teil der marinen Biosphäre ist nämlich dunkel.

Wandern auf dem Meeresboden – nur in der Gezeitenzone möglich.

Im Takt der Gezeiten

Überall im direkten Kontaktsaum zwischen Meer und Festland geben die Gezeitenwasserstände sowie die Wind- und Wellendynamik im Litoral eine besondere Abfolge von Teillebensräumen vor: Den gesamten amphibischen Bereich zwischen Hoch- und Niedrigwassermarke, der periodisch trocken fällt, nennt man Eulitoral oder Wechselflutzone. Davon klar getrennt ist die Dauerflutzone (Sublitoral) unterhalb der Niedrigwasserlinie, die bis 200 m Wassertiefe hinabreicht. Das Küstenband, an das zwar nicht regelmäßig die Tidenwasserständen heranreichen, jedoch bei Wind oder Sturm die zerstäubten Fontänen der Salzgischt anklatschen, bildet die Spritzwasserzone (Supralitoral). Alle diese Zonen zeigen eine auffällige Gürtelung, die sich aus der Ansiedlung kennzeichnender Pflanzen- und Tierarten ergibt.

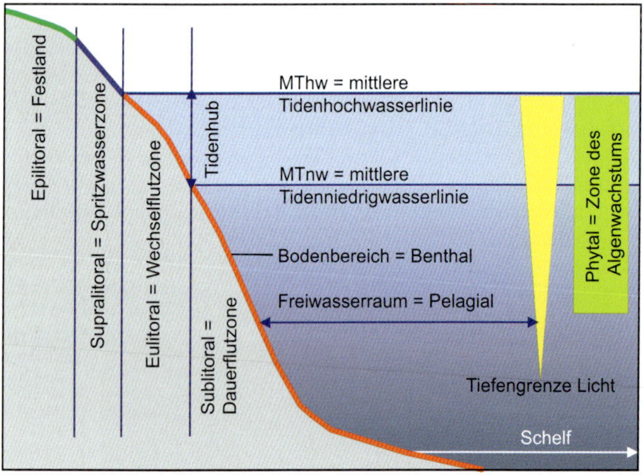

Topographische und ökologische Gliederung des Küstenraums.

Die obige Abbildung zeigt, wie man in der Ozeanographie den Küstenbereich des Meeres einteilt. Der Bodenbereich ist das Benthal, die dort siedelnden Lebensgemeinschaften nennt man Benthos. Sie unterscheiden sich erheblich vom Pelagos, den Lebewesen der immensen Freiwasserräume der Meere (Pelagial). Auch für die Tiefenstufen weit unterhalb des Schelfbereichs (> 200 m Tiefe) gibt es besondere Einteilungen und Bezeichnungen, die jedoch für den Freizeitküstenforscher weniger bedeutsam sind.

Küsten, Inseln, Außensande

Schon auf den ersten Blick sieht die Nordseeküste im Kartenbild sehr eigenartig aus: Die verlängerte Elbe mit ihrer Mündung im inneren Winkel der Deutschen Bucht ist gleichsam eine Art Symmetrieachse für die verschiedenen von Wind und Wasser bedingten Ablagerungsformen von Lockersediment.

Am Wattrand: Salzwiese

Wo das Festland mit geschwungenen Linien an die Nordsee grenzt, liegt die mitteleuropäische Innenküste. Zusätzlich fällt aber auch eine Außenküste auf: Ableitbar aus ihrer jüngeren geologischen Geschichte weist die heutige südliche Nordseeküste vom niederländischen Texel bis zum dänischen Fanø einen rund 450 km langen Inselbogen auf. Dessen Seeseite bildet gleichsam eine zweite Küstenlinie.

In den Niederlanden erstreckt sich etwa von der Mündung des Rhein-Maas-Systems bis ungefähr auf die Höhe von Alkmaar ein lang gestrecktes Strandwallsystem mit hohen Dünen und wenigen schmalen Durchlässen wie bei Camperduin und Zwanenwater. Eine spiegelbildlich dazu entwickelte Küstengestalt findet sich in Dänemark nördlich von Blåvands Huk mit schmalen Öffnungen zu den hinter dem Strandwall liegenden Lagunen des Ringkøbing- und Nissum-Fjords. Diese Küstengestaltung entwickelt sich unter den Bedingungen eines mikrotidalen Regimes mit Tidenhüben bis höchsten 1,3 m.

Scharhörn gehört zu den wenigen „wandernden" Inseln an unseren Küsten.

Aus dem Wasser geboren: Inseln als Barriere

Weiter zum inneren Winkel der Deutschen Bucht herrschen andere Modalitäten: Unter ihren mesotidalen Bedingungen mit Tidenhüben zwischen 1,3 und 2,9 m bildete sich hier die berühmte Kette der friesischen Barriereinseln. In den Niederlanden sind es die Westfriesischen Inseln Texel, Vlieland, Terschelling, Ameland und Schiermonnikoog,

an der deutschen Küste die Ostfriesischen Inseln Juist, Norderney, Baltrum, Langeoog, Spiekeroog und Wangerooge. An der dänischen Küste gehören Rømø und Fanø zu diesem Inseltyp. In ihrem Lee erstrecken sich jeweils ausgedehnte Rückseitenwatten, während zwischen den Inselkörpern die tiefen Seegaten als Gezeitenrinnen verlaufen.
Unmittelbar an die friesische Inselwelt schließt ein dritter Küstentyp an, der durch einen durchschnittlichen Tidenhub oberhalb von 3 m gekennzeichnet ist. Unter diesen Bedingungen entstehen offene Wattengebiete mit Sandplaten, die eventuell kleinere Dünenzüge tragen, aber insgesamt recht instabil sind. Sie befinden sich mehrheitlich zwischen der Außenjade und der Halbinsel Eiderstedt im inneren Winkel der Deutschen Bucht. Zu nennen sind zwischen Weser und Elbe die Sandplaten Mellum, Großer Knechtsand und Scharhörn sowie nördlich der Elbmündung Trischen, Tertiussand und Blauortsand. Nördlich von Eiderstedt sind die beiden Sandplaten von Süderoog- und Norderoogsand diesem Gestaltungselement zuzurechnen. Neuwerk vor der Elbmündung ist dagegen eine schon lange bedeichte Düneninsel. Westlich davon liegt das erst 1989 als Vogelinsel im Nationalpark Hamburgischen Wattenmeer künstlich aufgespülte Nigehörn – ein unterdessen wertvolles Naturschutzgebiet.

Nigehörn ist eine künstliche Insel – aufgespült für den Naturschutz.

Watt und Wattenmeer

Zwischen dem Barriereinselbogen und der eigentlichen Innenküste erstreckt sich von den Niederlanden bis nach Dänemark ein 5–20 km breites Watt – mit fast 7500 km² Fläche weltweit das größte zusammenhängende Wattgebiet und damit ein einzigartiges Lebensraumgefüge. Unter „Watt“ versteht man das gesamte Auftauch- oder Wechselflutgebiet zwischen der Hoch- und Niedrigwasserlinie. In einem Felswatt – beispielsweise rund um die Insel Helgoland – besteht der Wattboden aus festem Gestein. Beim Sand- oder Schlickwatt ist der Wattboden dagegen locker und weich. Entsprechend unterscheidet man in der Küstengeographie Hart- und Weichbodenküsten. Das Wattenmeer ist der während der Gezeiten rhythmisch verlagerte Wasserkörper über den Wattböden. Seine seeseitige Grenze des Wattenmeers nimmt man mit der 10-m-Tiefenlinie an.

Küsten sind Momentaufnahmen

Das heutige Verteilungsbild von landfestem Gebiet und Inselkörpern ist geologisch gesehen noch recht jung. Die Außenflanke von Fanø und Rømø über Sylt und Amrum sowie Japsand und Süderoogsand bis zur Halbinsel Eiderstedt markiert, wo noch im 13. Jahrhundert die Festlandlinie verlief. Schwerste Sturmfluten, darunter die katastrophale „Grote Mandränke“ (Marcellusflut vom Januar 1362), zerschlug große Teile der nordfriesischen „Uthlande“ zu Inseln und Halbinseln. Weitere Sturmflutkatastrophen (1634, 1717, 1720, 1825) brachten zusätzliche erhebliche Landverluste. Die nordfriesische Inselwelt gehört damit zumindest in ihren Kernen zum Typ der kontinentalen Abgliederungsinsel. Die west- und ostfriesischen Inseln bestehen dagegen aus jüngerer Sandablagerung und sind damit Aufbauformen. Wie sehr auch diese Inseln sich verändern, zeigt beispielsweise die Karte von Juist: Fixpunkte sind die früheren und neueren Inselkirchen.

Deichen oder Weichen

Schon seit Jahrhunderten schützen die Menschen an der Küste ihr Land mit Deichen. Früher galt der Deichbau in erster Linie der Landgewinnung, heute dient er vor allem der Landsicherung. Den abgedeichten ehemaligen Meeresboden, den man nach einiger Zeit landwirtschaftlich als Acker oder Weide nutzen kann, nennt man in den Niederlanden Polder, in Nordfriesland Koog. Da sich der Nordseeboden ständig absenkt und das Flutwasser entsprechend höher aufläuft, müssen die Deiche von Zeit zu Zeit erhöht werden. Damit die Sturmflutströme die aufgeschütteten Deiche nicht abtragen, sind sie mit Gras bewachsen. Ständige Beweidung hält dieses Gras kurz und dicht und sichert so die Standfestigkeit des Deichs – das erklärt die vielen Schafe auf dem Deichgrünland. Etliche abgedeichte Gebiete liegen heute sogar viele Meter tief unter dem Meeresspiegel, in den Niederlanden beispielsweise der Flughafen Schiphol von Amsterdam. Der tiefste landfeste Punkt der Bundesrepublik ist die Wilstermarsch am rechten Elbufer – ohne Deich stünde das Nordseewasser hier 1,3 m hoch.

Tipps zum Mitmachen

Ein wenig Wattdeutsch lernen

- Priel oder Balje: Wattrinne, über die sich das Meer bei Ebbe zurückzieht und bei Flut zurückströmt; Priele sehen aus der Luft wie das fein verzweigte Geäst eines Baumes aus.
- Aue, Hever oder Tief (Nordfriesland), Seegat oder Till (Ostfriesland): Zwischen den Inseln sind die Priele besonders tief; sie bilden hier das Fahrwasser für die Schifffahrt zu den Küstenorten.
- Pricken: Den genauen Verlauf der Fahrrinne markieren in den Wattboden gerammte, oft mit besonderen Farbkennungen versehene Stangen oder unbezeichnete Birkenstämmchen.
- Rippelmarken oder Wellenfurchen: Wo der Ebb- oder Flutstrom über das Sandwatt oder das besonders feinkörnige Mischwatt streicht, bilden sich im Boden merkwürdige und fast wie moderne Graphik aussehende Formen aus, die ein wenig an verbogenes Wellblech oder an ein Waschbrett erinnern. Sie entstehen durch komplizierte physikalische Wechselwirkungen zwischen strömendem Wasser und halbfestem Wattboden und bauen je nach Strömungsdynamik höchst unterschiedliche Muster auf.
- Anschlickung: An vielen Stellen im Deichvorland strebt man eine technisch gestützte Sedimentation und Landgewinnung an.
- Lahnung: doppelte Pfahlreihe, mit dicht gepresstem Nadel- oder Laubholzreisig (Faschinen) gefüllt und mit Spanndrähten gesichert; zur Strömungsberuhigung und zum Absetzen der tonigen Partikeln aus den Tidewasserströmen errichtet man Lahnungsfelder von jeweils etwa 200 × 200 (–400) m Abmessung.
- Grüppen: maschinell gezogene, etwa 1 m breite Entwässerungsgräben zum besseren Wasserablauf innerhalb der Lahnungen. Die Aufschlickung kann bis 20 cm pro Jahr betragen.

Zwei Meere – zwei Biographien

Urlaub an der Nord- oder an der Ostsee? Die Frage ist eine Überlegung wert, denn beide Meere unterscheiden sich in ihren grundlegenden Eigenschaften. Die Nordsee ist salzig, die Ostsee ist es kaum. An der Nordsee finden wir Gezeiten und Wattenmeer, unendliche Strände und Dünenlandschaften auf den Inseln, Deiche, Schafe, weite Geestlandschaften auf dem Festland, Halligen und den roten Felsen Helgoland. Die Ostsee überrascht mit der weißen Kreideküste auf Rügen, mit leuchtend gelben Steilküsten, weiten Buchten und Stränden sowie Buchenwäldern bis an den Strand. Die Landschaftsbilder unterscheiden sich also beträchtlich. Die Ursachen dafür liegen in ihrer Entstehungsgeschichte.

Zu den berühmten Sieben Meeren der Entdecker und Seeabenteurer gehört die Nordsee sicherlich nicht, aber unstrittig ist sie ein Teil des Atlantiks. Die Nordsee misst rund 560 000 km^2 bei einer größten W-O-Ausdehnung von 645 km und einer N-S-Länge von 965 km. Die mittlere Tiefe beträgt nur etwa 90 m, im südlichen Bereich sogar weniger als 50 m. Die Doggerbank im zentralen Teil der südlichen Nordsee hat nur eine Wassertiefe von 15–20 m. Nach Norden nimmt die Tiefe auf

Nordsee-Landschaft

ca. 200 m nördlich der Shetland-Inseln zu. Die tiefste Stelle (= Norwegische Rinne) reicht 725 m hinab.
Der vom Meerwasser bedeckte Teil des Kontinents bildet den Schelf. Daher stuft man die Nordsee auch als Schelfmeer ein. Meeresgebiete wie die Nordsee nennt man Flach-, Rand- oder Transgressionsmeer – der gesamte Nordseeboden gehört nämlich noch zum Festlandsockel des europäischen Kontinents. Erst nördlich von Schottland fällt der Nordseeboden über einen steilen Hang auf die über 3000 m Wassertiefe des Nordatlantiks ab.
Wesentlicher Gestaltungsfaktor der Nordseeküste war der rasche Anstieg des Meeresspiegels der Weltmeere, denen die Nordsee (im Gegensatz zur Ostsee) von Beginn an angeschlossen war. Für die Zeitspanne von 8600 bis 7100 vor heute nimmt man eine durchschnittliche Anstiegsrate von 2,1 m pro 100 Jahre an. Während der maximalen Ausdehnung der Vereisung in der Weichseleiszeit lag der Meeresspiegel im Gebiet der Nordsee um bis zu 110 m unter dem jetzigen Niveau. Die südliche Küstenlinie lag nördlich der Doggerbank, die wahrscheinlich noch einige Zeit als Insel weiter bestand, bis auch sie vom Meer überflutet wurde. Vor etwa 4000 Jahren wurde die Straße von Dover überflutet. Diese neue Verbindung zu den Weltmeeren führte zu veränderten Strömungsverhältnissen, die sich auf die Küsten der südlichen Nordsee auswirkten.

Ein ganz anderes Gesicht: Ostsee-Landschaft

Die Ostsee ist ein Mittelmeer

Wenn man die Landkarte genau betrachtet, müsste man die – unter Einschluss des Kattegats – rund 413000 km² große Ostsee eigentlich als Nordsee bezeichnen. Sie liegt zwar östlich des Nordseebeckens, erstreckt sich mit ihren entferntesten Ausläufern jedoch viel höher in den Norden: Während die Nordsee ungefähr zwischen dem 52. (Themse- bzw. Rheinmündung) und dem 60. Breitengrad (Shetland-Inseln) liegt, reicht die Ostsee vom 54. (Travemünde) bis zum 63. Breitengrad und damit fast an den nördlichen Polarkreis. Da sie vergleichsweise schmal und rundum von Festland eingeschlossen ist, gilt sie in der modernen Ozeanografie als kontinentales Mittelmeer. Wegen dieser relativ kleinen Bemessung treten hier auch keine deutlichen Gezeiten auf – der Tidenhub beträgt lediglich in der westlichen Ostsee etwa 15 cm. Die maximale Wassertiefe beträgt 463 m (bei Gotland), die durchschnittliche Tiefe 55 m. Der Salzgehalt liegt zwischen 18‰ (Kieler Bucht) und 3‰ (Bottnischer Meerbusen). Im Unterschied zur Nordsee gliedert sich die Ostsee in mehrere selbständige Becken, die jeweils durch flache Schwellen voneinander getrennt sind. Kaskadenartig von West nach Nord-Ost angeordnet sind Arkona-, Bornholm-, Östliches und Westliches Gotlandbecken. Die maximale W-O-Ausdehnung beträgt rund 1000 km, die N-S-Ausdehnung etwa 1300 km.

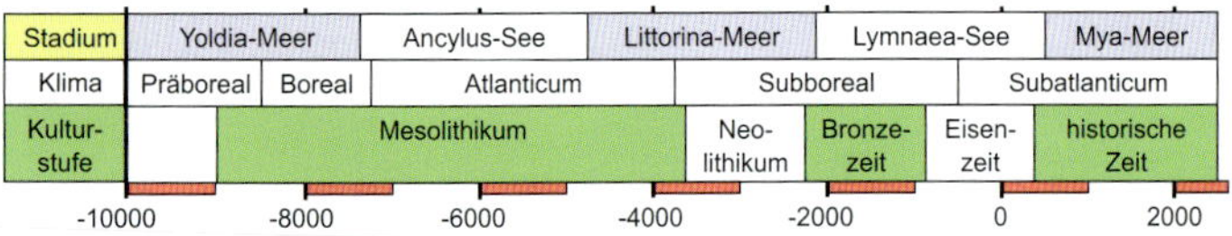

Ostsee-Historie: Geschichte mit Etappen

Wechselhafte Geschichte

Die Ostsee ist das Ergebnis der letzten Eiszeit (Weichseleiszeit) und der nacheiszeitlichen Formungsprozesse durch Wind und Wellen. Auf ihrem Gebiet lagen Inlandeismassen von bis zu 3000 m Mächtigkeit. Als vor etwa 18000 Jahren das Maximum der Weichseleiszeit endete und die Erwärmung einsetzte, tauten die Gletscher in erdgeschichtlich extrem kurzer Zeit ab. Sie hinterließen gewaltige Schottermengen, die sie auf ihrem Weg nach Süden aus dem skandinavischen Hochgebirge transportiert hatten. So entstand eine hügelige, reliefstarke Landschaft mit Seen und Flussläufen.

Vor etwa 13000–14000 Jahren entstand aus dem Schmelzwasser der Gletscher ein großer Süßwassersee. Atlantikwasser drang erstmals vor 10200–9500 Jahren im Gebiet der Großen Seen (Billinger Pforte) in der mittelschwedischen Senke ein, so dass Meerestiere aus der Nordsee in die Ostsee eindringen konnten. Nach der Meeresmuschel *Yoldia arctica* wird dieser kurze Zeitraum als „Yoldiameer" benannt. Die Verbindung wurde jedoch durch Landhebung bald wieder geschlossen.
Wiederum folgte eine Süßwasserphase („Ancylussee", benannt nach der Süßwasserschnecke *Ancylus fluviatilis*). Vor etwa 8000 Jahren stieg der Wasserspiegel der Weltmeere rasch an und führte zur Überflutung von tief liegenden Flächen der dänischen Inseln und der Mecklenburger Bucht: Die Ostsee wurde erneut zum Meer („Litorina-Meer", benannt nach der marinen Schnecke *Littorina littorea*). Der Zufluss von Süßwasser aus dem großen Einzugsgebiet der Ostsee setzte vor etwa 4000 Jahren ein. Süß- und Salzwasser trafen aufeinander – es entstand das Brackwassermeer Ostsee mit stark eingeschränkter Verbindung zur Nordsee über die dänischen Wasserstraßen. Das wichtigste Merkmal der Ostsee ist ein reduzierter, nach Osten abnehmender Salzgehalt und dementsprechend eine reduzierte Zahl mariner Pflanzen und Tiere.
Vor etwa 4000 Jahren verringerte sich der Anstieg des Meeresspiegels. Nun griffen Wind und Wellen die Uferlinie an. Exponierte Hügel wurden abgetragen, das grobe Sediment blieb zurück und das feine wurde entlang der Küste transportiert und in ruhigen Buchten abgelagert. Die Nehrungsküste entstand und der Küstenausgleich begann. Dieser Vorgang ist bis heute nicht abgeschlossen.

Zwei konträre Großlandschaften

Die etwa 7000 km lange Ostseeküste zeigt unterschiedliche Gesichter: Im Norden an den Küsten von Estland, Russland, Finnland und Schweden erstrecken sich lange Felsabschnitte mit Birken und Kiefern; im Süden von Litauen bis Dänemark dagegen Ausgleichsküsten unterschiedlicher Ausprägung von der Fördenlandschaft in Schleswig-Holstein über die zerklüftete vorpommersche Boddenlandschaft bis zur ausgeglichenen polnischen und litauischen Küste. Kiefern in Dünenlandschaften und Buchen auf den kalkhaltigen Lehmböden der Steilufer sind hier die charakteristischen Bäume. Salzwiesen befinden sich an der Ostsee fast nur an den inneren Küsten.

Lebensräume an der Küste

Wenn man nicht gerade auf Deich- oder Klippenwegen buchstäblich am Rande des Kontinents entlang wandert, führen die Küstenpfade mitunter in sehr unwegsames und durchaus nicht immer besonders zugängliches, aber hochinteressantes Gelände: An der Grenze zwischen Land und Meer breiten sich äußerst verschiedene Lebensräume aus.

Die vereinfachende Landkarte kennzeichnet die Festlandgrenze je nach Küstenverlauf oft nur mit einem leicht geschwungenen oder geraden Strich. Unter Küste versteht man die gesamte Landschaft im Übergangsbereich zwischen Meer und Land. Sie schließt den Raum ein, den das Meer direkt beeinflusst, und besteht aus Ufer und Schorre. Zum Ufer gehört der Strand, zur Schorre die vorgelagerte Flachwasserzone. Das Salzwasser bestimmt die natürliche landseitige Grenze des Ufers. Gischt und Hochwasser bringen Salz in die Böden und beeinflussen die Vegetation. Die amtlich gezogene Grenze des Uferbereichs legt der Küstenschutz fest, gegebenenfalls mit der gewählten Deichhöhe. Sie liegt bei einem anzunehmenden Sturmfluthöchstwasserstand. Die seeseitige Grenze der Küste liegt im Bereich der Zone der Wellenbrecher.

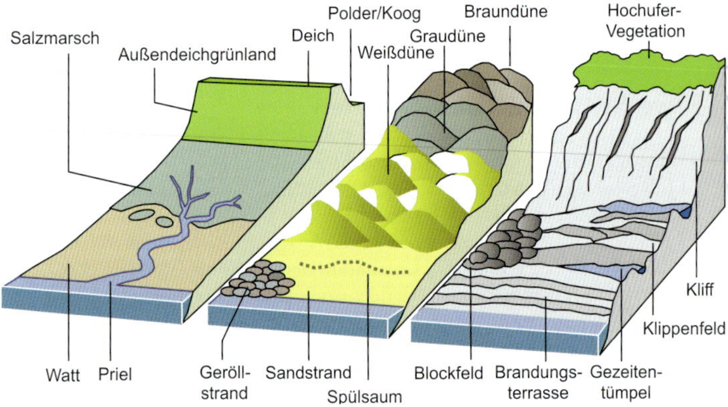

Lebensraumtypen im Vergleich

Felsenfest oder wattweich

Nur aus dem Kartenbild ist nicht unbedingt zuverlässig abzuleiten, wie denn die erwartete Küstenlandschaft tatsächlich aussieht. Ihr Erscheinungsbild hängt wesentlich vom Rahmen ab, den die regionale Geologie setzt: Wo anstehendes Festgestein direkt an die Wasserlinie grenzt, spricht man von einer Felsküste mit steileren oder flacheren Klippenpartien. Da die Brandung beständig am Gestein nagt und herummodelliert, prägen die verschiedenen Erosionsformen mit Brandungshohlkehle am Klippenfuß, mit Brandungshöhlen, Brandungstoren oder einzeln stehenden Felstürmen sowie ausgedehnten Block- und Geröllfeldern das oftmals sehr malerische Bild solcher Küsten. Vor dem aufragenden Kliff breiten sich oft abgeschliffene Klippenfelder oder Felsterrassen aus. Die Ökologen sprechen hier von Hartboden- bzw. Hartsubstratküsten, denn dieses spezielle Lebensraumangebot bestimmt nachhaltig die Ansiedlung besonderer Lebensgemeinschaften. Diese sind hier völlig anders zusammengesetzt und meist auch wesentlich vielfältiger als an einer Weichbodenküste.

Steilküste von Helgoland

Eine Weichbodenküste besteht aus zusammengeschwemmtem Lockermaterial unterschiedlicher Herkunft. Im einfachsten Fall sind es kilometerlange und unterschiedlich breite Sand- oder Kiesansammlungen, die landwärts oft in Dünenserien übergehen. Fallweise ist der Weichboden aber sehr feinkörnig und zudem schlickig. Hier können keine Dünen entstehen. Statt dessen entwickeln sich Salzwiesen oder Salzröhrichte, nach Bedeichung und landwirtschaftlicher Nutzung auch Außendeichgrünland und Marschland. Das Bild einer fast immer recht sanft modellierten Weichbodenküste ist von der eher schroffen Felsküste grundverschieden. Weichbodensubstrate weisen erwartungsgemäß auch völlig andere Lebensgemeinschaften auf.

Blockfeld mit Findlingen

Tipps zum Mitmachen

Vorsicht statt Nachsicht

Rücksicht dient dem allgemeinen Schutz der Natur, Vorsicht bewahrt uns selbst vor unliebsamen Überraschungen. Für die Streifzüge entlang der Nord- und Ostseeküsten gibt es einige wenige, aber beherzigenswerte Grundregeln:

- An der Wasserlinie sanft geneigter Sandstrände gibt es gewiss die wenigsten Probleme. Nicht ganz so harmlos sind weitere Ausflüge ins Watt, wo es keine Wegweiser mehr gibt und je nach Wetterentwicklung der Blickkontakt zur sicheren Uferlinie unterbrochen werden könnte.
- Besondere Vorsicht ist angesagt bei allen Streifzügen über Klippenfelder, Brandungsterrassen oder Blockhalden. Hier kann der Strandausflug ganz unversehens zur alpinistischen Klettertour oder glitschigen Rutschpartie werden.
- Sinnvollerweise bewegt man sich hier auch nicht barfuß. Stiefel oder wassertaugliche Sportschuhe sind das mindeste, was man zum Schutz vor messerscharfen Muscheln, nadelspitzen Seepocken oder verbuddelten Glasscherben und Blechdosen benötigt.
- An den Kreide- und Moränensteilküsten ist allergrößte Vorsicht nach Stark- und Dauerregen sowie bei der Schneeschmelze angeraten.
- Niemals eine Brandungshöhle betreten und an Steilküsten graben und klettern – hier besteht Lebensgefahr!
- Zu möglichen Gefahrenbereichen auch Informationen bei den Auskunftsstellen vor Ort einholen.

Von Wasser, Wind und Wellen

Katalogwetter in Ehren – aber was wäre ein Urlaub am Meer ohne Sturm und tobende See? Es bleibt gewiss ein unvergessenes Erlebnis, vom sicheren Strand aus einen handfesten Sturm abzuwettern. So heftig muss es aber gar nicht sein: Staunend betrachten wir das Spiel der anrollenden und brechenden Wellen. Aber wie entstehen Wellen? Was ist Dünung? Wann spricht man von Brandung?

Wenn der Wind über See geht, nimmt er seinen Weg nicht gar so hemmungslos, wie es zunächst aussehen mag. Er streift die Wasseroberfläche und kräuselt zunächst kleine, Kapillarwellen genannte Wellenfronten auf, die sich rasch zu kurzen, steileren Wasserrippeln entwickeln: In der direkt über eine Wasseroberfläche streichenden Luft reißt deren zunächst noch glatte Grenzschicht wegen des höheren Widerstandes ab und wird dabei turbulent. Dadurch entstehen Wirbel mit kleinräumigen Druckunterschieden, die nun die Meeresoberfläche sichtlich verformen. Solange der Wind weht, kommt damit ein sich selbst verstärkender Prozess in Gang: Die am Wellenberg aufsteigende Luft erzeugt vor dem Wellenkamm eine kleine Hochdruckzelle, die dahinter zum Wellental abfallende dagegen eine entsprechende Tiefdruckzelle bei entgegengesetzt rotierendem Wirbel. Im Effekt schaukeln sich die Wellenhöhen

Wellenstudie – man könnte stundenlang zuschauen …

abhängig von Windgeschwindigkeit und Wirkdauer bzw. Weglänge des Windes (in der Fachsprache „fetch“ genannt) auf. Mit anderen Worten: Ohne Wind gibt es keine Wellen. Alle Wellen, die im direkten Einwirkungsbereich des Windes entstehen, nennt der Seemann Windseen.

Skalierung aus der Windjammerzeit

Die Richtung des Windes benennt man grundsätzlich (und auch international) immer nach derjenigen Himmelsrichtung, aus der er kommt. Ein Westwind weht demnach von West nach Ost und nicht umgekehrt. Die jeweilige Windstärke gibt man seit 1835 international nach der so genannten Beaufort-Skala in Bft an. Sir Francis Beaufort (1774–1857) entwickelte sie 1806 als Kapitän eines Segelschiffes und unterschied die verschiedenen Windstärken praktischerweise zunächst einmal nach ihrer Wirkung in der Takelung. Erst später hat man sie an die Windgeschwindigkeit gekoppelt. Wegen ihrer Herkunft aus der Seefahrt gibt man die Windgeschwindigkeiten traditionell in Knoten (1 kn = 1 sm/h; 1 sm = 1 Seemeile = 1,852 km = 1 Bogenminute auf dem Meridian bei 45° Breite) an. Den nach einer längeren Streichstrecke und Einwirkungsdauer zu erwartenden Seegang bezeichnet man nach der 9-teiligen Petersen-Skala. Beide Skalen werden in Tabellen oft miteinander kombiniert.

Bewegt und bewegend: wogendes Wasser

Auf der spiegelglatten See erzeugt eine leichte Brise lediglich eine gekräuselte Oberfläche. Erst bei aufkommendem Wind bauen sich allmählich Wellen auf. Wenn bei einem Gewitter heftige Böen durchziehen, gibt es nur selten eine grobe See, weil die Dauer des Windes viel zu kurz ist. Weht der Wind aber beständig, entstehen zunächst kleine, kurze Wellen. Ab Windstärke 3 bilden sie Schaumkronen (Hasenpfötchen genannt). Der Abstand zwischen Wellenberg und Wellental (= Wellenhöhe) und zwischen zwei Wellenbergen (= Wellenlänge) vergrößert sich. Bei mäßig bewegter See (Windstärke 5–6) treten überall weiße Schaumkronen auf, und einzelne Wellenkämme überbrechen schon. Ab Windstärke 7 spricht man von steifem Wind und grober See. Die Kämme der großen Wellen brechen und hinterlassen Gischtfahnen, der weiße Schaum legt sich in Streifen in die Windrichtung. Ab Windstärke 9 (21 m/s = 75 km/h) haben wir es mit einem Sturm und hoher See zu tun, gewaltige Wellenberge bauen sich auf. Die Luft ist nun mit Gischt angefüllt. Die See ist mit Schaum bedeckt und beginnt zu rollen. Ein Orkan (33 m/s = 118 km/h)

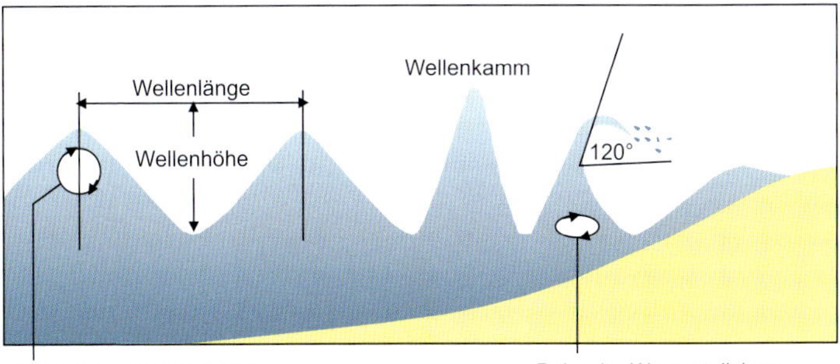

Wie eine Welle wogt

tobt mit Windstärken ab 11. Hohe Wellenberge mit langen brechenden Kämmen entstehen, schweres, stoßartiges Rollen ist zu hören. Dabei können bis 30 m hohe Riesenwellen entstehen, auch als Monsterwellen oder im Seemannsdeutsch als Kaventsmänner bezeichnet.

Hochgehende See

In kleinen, flachen und abgeschlossenen Buchten kann auch ein Orkan nur kleine Wellen erzeugen. Daher hat die Ostsee kürzere und niedrigere Wellen als die Nordsee und diese wiederum weniger heftige als der offene Atlantik.
Die westliche Ostsee zwischen Flensburg und Darß/Fischland weist die niedrigsten Wellenhöhen der gesamten Ostsee auf, da der Wind hier nur eine geringe Wirkstrecke hat. In der Deutschen Bucht führen Nordweststürme zu den höchsten Wellen. Die Höhe der so genannten Windsee liegt bei 6–7 m, Einzelwellen können sogar 10 m Höhe erreichen.
Nahezu jede Welle endet an einer Küste. Die Wucht des Aufpralls auf die Küste hängt neben der Wellenhöhe von der Wassertiefe vor der Küste ab. Nähert sich die Welle einer aus den Tiefen aufragenden Felsenküste, so prallt sie ungebremst auf das Hindernis. Ist der Küste jedoch eine Flachwasserzone vorgelagert, wird die Energie der Welle abgeschwächt. Sie bäumt sich noch einmal steil auf, bevor sie bricht und auf die Strandböschung knallt und dort sichtlich beruhigt ausläuft.
Die bisher höchsten Wellen an der deutschen Ostseeküste wurden am Ostufer von Rügen gemessen. Hier kann der Ostwind über lange Stre-

cken bei verhältnismäßig großer Meerestiefe eine schwere See aufbauen. Die Wellenhöhe an der Ostküste von Rügen kann bei einer Windstärke von 9–10 Extremwerte von 9 m erreichen, übersteigt im Mittel (Windsee) aber selten 5 m.

Dünung, Brandung, Brecher

Es ist windstill, die See erscheint glatt und trotzdem prallen mächtige Brecher auf den Strand auf. Betrachtet man die See von einem erhöhten Standpunkt aus, sind langgestreckte Wellenzüge mit einem runden Profil zu erkennen. In diesem Fall spricht man von Dünung.
Dünung ist sozusagen „alter" Seegang – eine auslaufende See, deren eigentliche Antriebsquelle Wind nicht mehr wirkt. Flaut der Wind ab oder verlassen die Wellen das Windfeld, verschwinden zunächst die kurzen Wellen. Übrig bleiben nun die langwelligen Dünungsanteile. Diese langen, ruhig anlaufenden Wellen türmen sich an Küsten als Brandung dennoch wieder zu hohen Brechern auf. Solche Küstenabschnitte werden bevorzugt von Surfern aufgesucht.

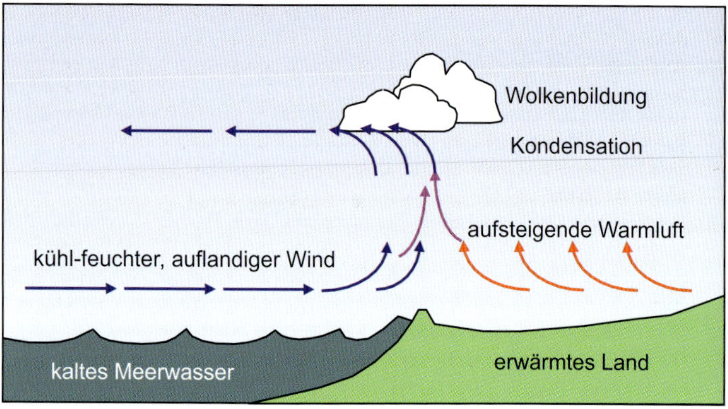

Wind und Wolken hängen zusammen

Und plötzlich dicke Suppe

Mit dem Wind hängen weitere bemerkenswerte Erscheinungen an der Küste zusammen. Seenebel entsteht, wenn die Wasseroberflächen deutlich kühler als die Landoberflächen sind. In Deutschland ist diese Nebelform vor allem im Spätfrühling an der Ostsee anzutreffen und oft durch warme Luft aus Südeuropa bedingt. Eben noch genießt man die warme Frühlingssonne auf der Landseite im Schutz eines Waldes oder von Dünen und strebt in freudiger Erwartung auf den weißen Strand und das blaue Meer zu. Der Empfang ist eher ernüchternd: Kalte, feuchte Nebelschwaden klatschen in das Gesicht. Die Sonne verschwindet in milchigen Nebelschwaden, und die Sicht wird blitzschnell stark eingeschränkt.
Bei einer ruhigen und sonnigen Hochdruckwetterlage erwärmen die ersten warmen Sonnenstrahlen die feuchten Äcker und Wiesen, so dass sie sichtbar dampfen. Ein leichter ablandiger Südwind trägt die laue, feuchte Luft zur See, die hier auf die Kaltluftfront über dem winterkalten Seewasser stößt. Die warme Luft kondensiert sofort zum Nebel. Die Sichtweite erreicht keine 100 m. Küstennebel endet häufig an der Strandlinie und reicht nur wenig, oft weniger als 100 m, ins Land, weil er hier infolge der Strahlungswärme sofort verdunstet.
Diese Einbrüche sind besonders für die Seefahrt sehr gefährlich, auch weil dieser Nebel infolge der kleinen Seetröpfchen sehr dicht ist und damit das Tageslicht verdunkelt.
Am kräftigsten erfolgt der Nebeleinbruch unmittelbar im Bereich der Küstenstädte, weil diese sich durch die Bebauung am stärksten aufheizen.
Besondere Vorsicht müssen Wattwanderer walten lassen: Ohne Kompass hat man keine Orientierung, denn die Küsten sind schnell verschwunden, und die Sonne ist ebenfalls häufig nicht mehr erkennbar.

Gespensterwellen?

Spiegelblanke See, kein Windhauch – und trotzdem donnert unvermutet eine Serie von Brechern an den Strand. Schon seit einer Weile stehen Surfer mit ihren Brettern sowie einem Zettel am Strand und warten auf dieses Ereignis. Solche Szenen kann man in der Nähe von Hafeneinfahrten erleben. Die Surfer kennen nämlich die An- und Abfahrtszeiten der Fähren (daher der Zettel) und erwarten sehnsüchtig die beachtlichen Bugwellen, die von den großen Schiffen ausgehen. Für eine bescheidene Surferseele reichen solche Wellen durchaus zu einem sportlichen Wellenritt.

Tabelle 1: Beaufort-Skala der Windgeschwindigkeiten, Petersen-Skala für Seegang

Grad (Bft)	kn	m/s	km/h	Bezeichnung	Seegang
0	0–1	0–0,2	0	windstill	glatte See
1	1–3	0,3–1,5	1–5	leiser Zug	ruhige See
2	4–6	1,6–3,3	6–11	leichte Brise	schwach bewegte See
3	7–10	3,4–5.4	12–19	schwache Brise	
4	11–15	5,5–7,9	20–28	mäßige Brise	leicht bewegte See
5	16–21	8,0–10,7	29–38	frische Brise	
6	22–27	10,8–13,8	39–49	starker Wind	grobe See
7	28–33	13,9–17,1	50–61	steifer Wind	sehr grobe See
8	34–40	17,2–20,7	62–74	stürmischer Wind	hohe See
9	41–47	20,8–24,4	75–88	Sturm	
10	48–55	24,5–28,4	89–102	schwerer Sturm	sehr hohe See
11	56–63	28,5–32,6	103–117	orkanartiger Sturm	außergewöhnlich schwere See
12	>64	>32,7	118–133	Orkan	

Tipps zum Mitmachen

Wissen wie der Wind weht

- Bei Outdoor-Ausrüstern gibt es sehr preiswerte Windmessgeräte für unterwegs.
- Unter www.windfinder.com kann man sich über die aktuellen Wind- und Wellenverhältnisse an den deutschen Küsten informieren.

Die Gezeiten – ein himmlisches Kräftespiel

Bei jedem Binnengewässer kann man die Wasserstandslinie am Ufer auf den Zentimeter genau markieren. Innerhalb eines Tages oder selbst einer Woche sind hier keine oder kaum nennenswerte Veränderungen zu beobachten. Am Meer scheitern solche Versuche erbarmungslos. Hier gibt es nämlich praktisch keinen Ruhewasserspiegel, der als Bezugslinie dienen könnte.

Selbst bei idealem Urlaubswetter ohne nennenswerte Brise reichen die unentwegt heranplätschernden Wellenzüge mal höher und mal tiefer auf den Strand – von der wild schäumenden Brandung bei handfesten Sturmwetterlagen einmal ganz abgesehen. Alle diese Wellenbewegungen sind letztlich Folgewirkungen von Vorgängen in der Erdatmosphäre: Die Luft umströmt die wetterwirksamen Hoch- und Tiefdruckgebiete, je nach Druckdifferenz mit unterschiedlichen Windgeschwindigkeiten. Das Ergebnis bewegt sich im Spektrum eines sanften Säuselns bis zum tosenden Orkan. Auch wenn der Wind über See geht, nimmt er seinen Weg doch nicht gar so hemmungslos; er streift die Wasseroberfläche, kräuselt Wellenfronten auf und schiebt das Wasser auf breiter Linie vor sich her.

Der Pulsschlag des Meeres

Die Wellen des Meeres sind gleichsam die Kinder von Wind und Wetter. Sie halten das Wasser ständig in Bewegung – der Wasser„stand“ ist somit nur ein momentanes und buchstäblich vorübergehendes Ereignis. Dicke Luft wirkt sich übrigens messbar auf die Oberflächengestalt des Wassers aus: Eine Luftdruckerhöhung um 1 Hektopascal (= 1 Millibar) verursacht im Druckgebiet eine 1 cm tiefe Delle, in die Wasser aus Gebieten niederen Luftdrucks abfließt.
Neben den Wellenbewegungen erlebt man an den Küsten (und bei genauer Messung auch auf hoher See) noch eine ganz andere Form von Wasserstandsveränderungen. Deren Ursachen liegen nicht in der Atmosphäre. Die für jede „Landratte“ ungewohnten Gezeiten mit ihrem beeindruckenden Spektakel von Ebbe und Flut sind das Ergebnis eines wahrhaft himmlischen Kräftespiels. Die Kraftfelder, die zur Ebbezeit unvorstellbare Wassermengen von der Küste abziehen und Stunden später mit dem Flutstrom wieder auf sie loslassen, haben tatsächlich

Freigefallene Gezeitenzone mit Anschlickungshilfen

astronomische Dimensionen. Der große Naturforscher Isaac Newton erkannte bereits im 17. Jahrhundert, dass bei den Gezeiten die Schwerefelder von Erde, Mond und Sonne zusammen wirken. Die Gezeiten, mit einem niederdeutschen Wort auch als Tiden bezeichnet und sicherlich ein besonderes Naturschauspiel, sind mit ihrem stetigem Auf und Ab ein recht verzwicktes geophysikalisches Phänomen, an dem schon so mancher Physiker beinahe verzweifelt ist. Tatsächlich sind sie in Teilen immer noch ein ungelöstes Problem der angewandten Astronomie.

Der Mond als Motor

Die geläufige Meinung geht zwar davon aus, dass der Mond als Trabant die Erde umkreist, doch stimmt das so nicht ganz. Tatsächlich bewegen sich Erde und Mond um eine gemeinsame Schwerpunktachse, die wegen der ungleichen Massenverhältnisse (Erde: Mond = 81:1) noch innerhalb der Erde liegt, genauer rund 4740 Kilometer außerhalb des Erdmittelpunkts. Die gemeinsame Drehbewegung erinnert somit an den Walzertanz eines schwergewichtigen Möbelpackers mit einem gertenschlanken Mannequin – auch hierbei befindet sich die gemeinsame

Schwerpunktachse nicht exakt zwischen den Tanzpartnern, sondern innerhalb des Möbelpackers. Der gemeinsame Tanz von Erde und Mond setzt auf der Erde Fliehkräfte frei, die vom Mond weg gerichtet sind. Ihnen wirkt die Massenanziehung (Gravitation) des Mondes entgegen. Auf der dem Mond zugewandten Seite der Erde bleibt als Differenz aus der Anziehungskraft und der ihr entgegen gesetzten Fliehkraft eine die Gezeiten erzeugende Restkraft übrig.

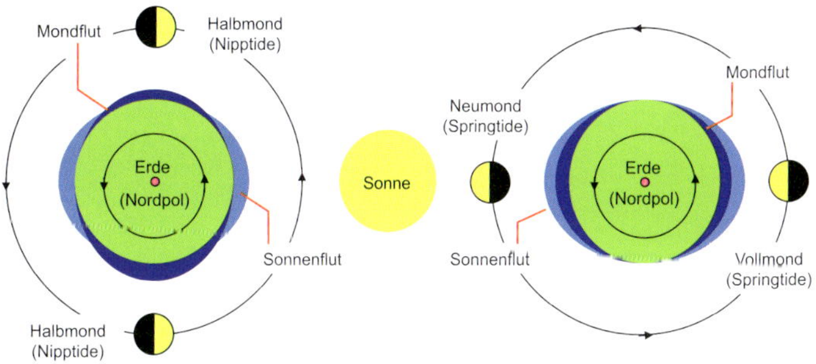

Gezeitenentstehung – die relative Position macht's

Auf der mondabgewandten Seite der Erde ist die Massenanziehung des Mondes wegen der größeren Entfernung zu seinem Massezentrum (Mittelpunkt) geringer. Dafür kann sich hier die Fliehkraft aus der gemeinsamen Drehbewegung von Mond und Erde stärker auswirken und ebenfalls eine Gezeiten erzeugende Kraft aufbauen. Diese Kräfte türmen auf der mondzu- und abgewandten Seite der Erde jeweils einen Flutberg auf. Darunter dreht sich die Erde infolge ihrer Eigenrotation hinweg. Die kontinentalen Küsten geraten daher mit der Erddrehung zweimal täglich in einen Flutberg und werden anschließend auch zweimal in ein Ebbetal geschoben: Zunehmende und wieder abnehmende Gezeitenwasserstände treten daher an den Küsten im rhythmischen Wechsel auf.
Für eigene Flutberge ist das Nordseebecken zu klein – die Tiden der Nordsee entstehen auf dem offenen Atlantik. Die atlantische Gezeitenwelle erreicht das Nordseebecken an der Ostküste Schottlands, läuft dann nach Süden, trifft bei Borkum auf die deutsche Küste und bewegt sich als Drehwelle weiter an Weser- und Elbmündung vorbei nach Norden. Für diesen Weg benötigt sie rund 3,5 h. Die deutschen Küstenorte haben also niemals gleichzeitig Hoch- oder Niedrigwasser.

Jeden Tag ein neuer Fahrplan

Wenn sich der Flutberg in eine Küste hineindreht, läuft das Wasser auf – es ist Flut. Das Steigen des Wassers (Tidenstieg) endet mit dem Hochwasser. Während der anschließenden Ebbe fällt das Wasser bis zum Niedrigwasserstand. Zwischen einem Hochwasser und dem nächsten Niedrigwasser vergehen durchschnittlich 6 h und 13 min. Eine Gezeit (Tide) umfasst den gesamten Zeitraum von einem Hochwasser zum nächsten bzw. von Niedrigwasser zu Niedrigwasser und dauert an offenen Küstenorten im Mittel etwa 12 h und 25 min. Von Tag zu Tag verspätet sich der Eintritt von Hoch- oder Niedrigwasser somit um rund 50 min. Der Mond braucht für eine Walzerrunde mit der Erde 28 Tage. Jeder Bezugspunkt der rotierenden Erde muss den Mond von Tag zu Tag ein kleines Stückchen einholen und braucht dafür eben 24/28 h oder etwa 50 min. Weil die Mondbahn nun gegen die Erdbahn mit etwa 7° geneigt ist und der Mond deswegen mal höher, mal tiefer am Himmel steht, fallen entsprechend die Vormittags- und Nachmittagstiden etwas unterschiedlich aus.

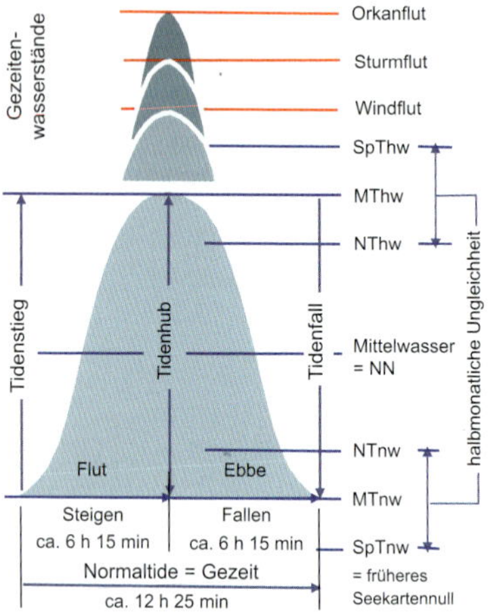

Fachbegriffe zum Tidenablauf

In den großen Flussmündungen verschieben sich die Gezeiten zusätzlich durch die Bremswirkung der Flussströmung. In Cuxhaven dauert eine Flut im Durchschnitt 5 h 40 min, die Ebbe entsprechend 6 h 45 min. In Hamburg betragen die entsprechenden Zeiten 5 h 04 min bzw. 7 h 21 min und in Geesthacht, am Ende der Tideelbe, 4 h 18 min gegenüber 8 h 07 min.
Für die mit der Gezeitentätigkeit verbundenen Gezeitenwasserstände gibt es an der Küste eingeführte Spezialausdrücke. Wenn man den Unterschied zwischen Ebbe (= Zeitraum) und Niedrigwasser (aktueller tiefster Wasserstand) nicht kennt oder gar ständig verwechselt, outet man sich sofort als „ignorante" Landratte.
Für alle wichtigen Küstenorte an der Nordsee kann man die Eintrittszeiten der Gezeiten in einem örtlich erhältlichen Tidenkalender oder unter www.bsh.de ermitteln.

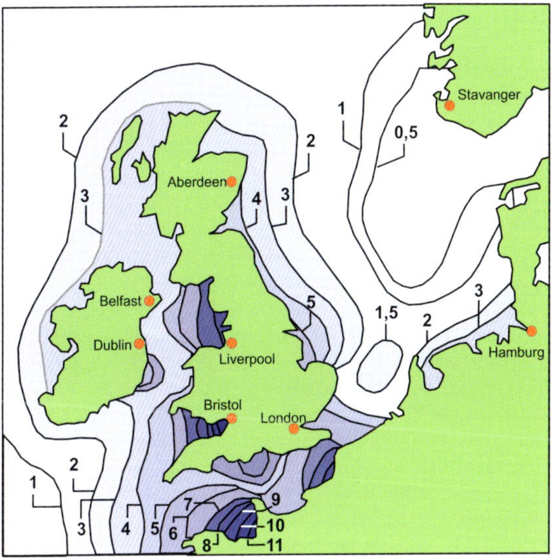

Tidenhübe in der Nordsee

Auch die Sonne ist im Spiel

Die Sonne hat zwar eine ungleich größere Masse als der Mond, ist dafür aber wesentlich weiter von der Erde entfernt. Ihre Gezeiten erzeugenden Kräfte fallen somit auf der Erde etwas schwächer aus, mischen aber dennoch spürbar mit. Bei Voll- und Neumond befinden sich Mond, Erde und Sonne sozusagen auf einer geraden Linie. Die Flut erzeugenden Kräfte summieren sich – es kommt zu Springtiden mit besonders hohen Hoch- und tiefen Niedrigwasserständen.
Während des ersten und letzten Viertels bilden Mond, Erde und Sonne dagegen ein rechtwinkliges Dreieck. Jetzt verringert sich die Mondflutkraft um die Gezeitenwirkung der Sonne: Die Nipptiden bleiben erwartungsgemäß hinter den durchschnittlichen Tidenwasserständen zurück. Mit einer Periode von 14,77 Tagen schwanken die Wasserstände also zwischen den Nipp- und Springtidenniveaus und fallen folglich jeden halben Tag messbar anders aus.

Der Sturm setzt noch eins drauf

Aus den mit der Präzision einer Maschine ablaufenden Bewegungen von Mond und Erde um die Sonne kann man die Gezeiten mit Computerhilfe für längere Zeit im Voraus berechnen. Der tatsächlich eintretende Gezeitenwasserstand stimmt mit dem vorausberechneten aber oft nicht überein. Daran sind nicht Rechenfehler schuld, sondern Einflüsse, die man nicht langfristig vorbestimmen kann – nämlich Wind und Wetter. Vor allem Wind und erst recht ein stärkerer Sturm können die Gezeitenwasserstände enorm stören bzw. beeinflussen. Die Abweichung vom berechneten Wasserstand nennt man Stau: Wind oder Sturm schieben das oberflächennahe Meerwasser gleichsam als Bugwelle vor sich her und erzeugen somit im Wasserkörper eine Strömung gleicher Richtung. Unter Wind- oder Sturmeinfluss baut sich also ein Wasserstandsgefälle von der Küste zur offenen See auf – und damit gleichzeitig ein Druckgefälle, welches das Wasser in Bodennähe wieder zurückfließen lässt. Daher ist der Stau bei Ebbe relativ größer als bei Flut. Orkanartige Stürme bauen einen Stau von mehr als 3 m auf. Die bisher höchsten Sturmflutwasserstände an der deutschen Nordseeküste wurden im Januar 1976 beobachtet – mit einem folgenreichen Stau bis zu 5 m. Neuere Messungen zeigen, dass die Flutwellen während der letzten Jahrzehnte im Durchschnitt um Zentimeterbeträge höher auflaufen, die Niedrigwasser aber nicht in gleichem Maße tiefer ablaufen, was man derzeit noch nicht so recht erklären kann.

Tipps zum Mitmachen

Den Tiden auf der Spur

- Tidenkalender besorgen und Gezeiten für verschiedene Küstenorte vergleichen
- Zeitablauf einer Gezeit am Strand verfolgen
- Zeitmarken am Strand abstecken
- Flut- und Niedrigwasserstände während einer Woche beobachten
- Zeitserie des Tidengeschehens an einem Küstenabschnitt fotografisch dokumentieren

Woher stammt das Salz der Meere?

Meerwasser schmeckt bekanntlich gänzlich anders als das vertraute Frischwasser (wie man es an der Küste nennt). Nach einem erfrischenden Bad in der Brandung auf der Haut eintrocknende Wassertropfen werden durch Auskristallisieren ihrer löslichen Komponenten zunächst milchig trüb und hinterlassen schließlich eine kleine Kruste. Meerwasser ist also ein interessanter Stoffmix.

Der Salzgehalt des Meerwassers (genauer der Massenanteil von Salz) beträgt weltweit durchschnittlich rund 35 g in 1 kg (nicht Liter!) Wasser. Diese Salzfracht, fachmännisch Salinität genannt, gibt man üblicherweise in Promille (‰) oder mit der zahlengleichen Einheit psu (= practical salinity unit) an. Der globale Durchschnittswert beträgt demnach 35‰ oder 35 psu. Ganz genau sind es 34,7‰. Durch Verdunstung und Niederschlag ergeben sich in den Weltozeanen allerdings regionale Unterschiede. Im Mittelmeer liegt der Wert etwas darüber – an der Straße von Gibraltar bei 36,25‰ und in der Ägäis bei 39‰. Im Roten Meer liegt die Salinität sogar bei 42 psu. In der Nordsee misst man wegen der verdünnenden Effekte der Süßwasserströme von Rhein, Weser und Elbe etwa 33‰.

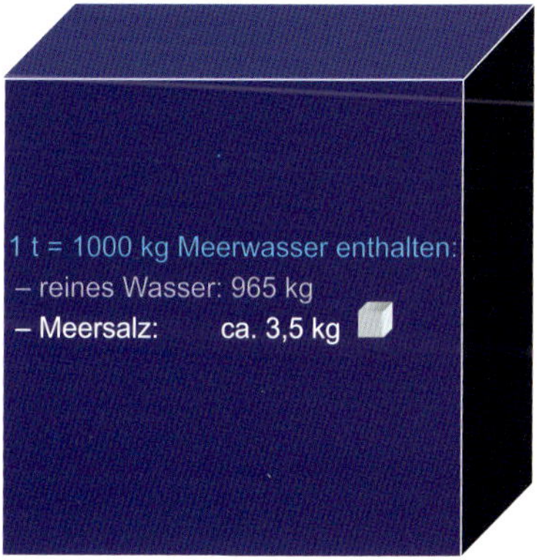

Salzanteil im Meerwasser

Nur vier Kationen (in der Reihenfolge ihrer Massenanteile Natrium Na^+, Magnesium Mg^{2+}, Calcium Ca^{2+} und Kalium K^+) sowie drei Anionen (Chlorid Cl^-, Sulfat SO_4^{2-} sowie Hydrogencarbonat HCO_3^-) stellen nahezu 99% aller Ionen. Na^+ und Cl^- allein machen bereits rund 86% der gelösten Elektrolyte aus. Die Tränenflüssigkeit, ein Filtrat des Blutserums, weist übrigens fast die gleiche relative Ionenhäufigkeit wie Meerwasser auf. Mit jeder vergossenen Träne heulen wir Brackwasser vom Salzgehalt der westlichen Ostsee (ca. 18–16 psu) aus.

Meersalz kristallin (Mikroskopische Aufnahme im polarisierten Licht)

Das Salz auf meiner Haut

Nach verbreiteter Einschätzung sammeln Rinnsale, Bäche, Flüsse und Ströme die durch Verwitterung freigesetzten Bestandteile der Festlandgesteine und führen sie unaufhaltsam dem Meer zu. Die Stofffracht der Flüsse reiche angeblich sogar aus, in rund 25 Millionen Jahren so viel Salz in die Meere zu transportieren, wie aktuell darin gelöst ist. Soweit die schöne Theorie.

Nun zerlegt die chemische Verwitterung die Festlandgesteine nur selten bis in ihre Molekül- bzw. Ionenbestandteile, sondern endet eher bei Partikeln von Tonteilchen- bis Sandkorngröße. Außerdem müsste sich die Häufigkeit der Elemente im Festgestein zumindest angenähert auch in der Salzzusammensetzung widerspiegeln. Die Elementanteile im Gestein stellen sich allerdings völlig abweichend dar: Die Statistik führen hier Silicium Si, Aluminium Al, Eisen Fe und Calcium Ca an, und diese treten im Meerwasser in stark abweichender Häufigkeitsabfolge erst auf den mittleren Rängen auf. Chlor, das häufigste Element im Meerwasser, ist im Festgestein nur mit etwa 0,016% vertreten und damit ein statistischer Hinterbänkler.

Die Gesteinschemie in den verschiedenen Kontinenten ist nun keineswegs identisch oder auch nur ähnlich. Auch dies müsste sich in der Zusammensetzung des Meerwassers abbilden. So ist der Pazifik zwar mit Abstand der größte Ozean, hat aber das kleinste Einzugsgebiet, weil die Wasserscheiden auf den einrahmenden Kontinenten sehr asymmetrisch verteilt sind. Der angebliche Salzimport durch Auswaschung sollte daher messbare Unterschiede zeigen. Auch hier stört der unschöne Befund, dass sich Pazifikmeerwasser in nichts vom atlantischen Stoffmix unterscheidet.

Im Meer sind mitunter Substanzen enthalten, die nicht hinein gehören: Ölfleck auf dem Wattboden.

Alles nicht so ganz einfach

Und woher stammt das Meersalz tatsächlich? Die Salinität der Meere ist das stoffliche Erbe aus der Frühzeit der Erde, als sich erstmals eine Hydrosphäre entwickelte. Mehr noch: Das Meer war schon oft Entstehungsort von Gesteinen, die irgendwann einmal Bestandteile des Festlands wurden – beispielsweise des Rheinischen Schiefergebirges oder der nicht einmal halb so alten Gesteine der nördlichen Alpen. Nicht das Festland ist das Liefergebiet für die mineralischen Bestandteile des Meerwassers, sondern eher umgekehrt. Das wäre zu bedenken, wenn man morgens zum Salzstreuer greift und die Salinität des Frühstückseis korrigiert.

Tipps zum Mitmachen

Die Grenzen des guten Geschmacks
- Meerwasser mit Trinkwasser verdünnen im Verhältnis 1:1, 1:2, 1:3 usw.
- Ab wann ist der Salzgehalt praktisch nicht mehr zu schmecken?

Strand und Düne

Wie Sand am Meer

Massenhaft schleppen die Gezeiten vom tieferen Meeresboden Sande heran, lagern sie in stillen Buchten ab oder ziehen sie zu kilometerlangen Stränden auseinander – das typische Ferienparadies aus der Werbung. An Land geht der Sandtransport weiter. Jetzt ist nicht mehr das Wasser, sondern der Wind ein überaus leistungsfähiges Versand(ungs)-Unternehmen.

Wenn Sie nach einem extra Strandtag am nächsten Morgen Ihre Strandutensilien erneut in Position bringen, werden Ihnen etwaige Veränderungen am Strand kaum auffallen. Zwar hat die letzte Flut alle Fußspuren verwischt, die Strandburgen geschleift und einen neuen Flutsaum aus allerhand Getreibsel hinterlassen, aber sonst sieht fast alles so aus wie am Tag zuvor. Dennoch ist ein Strand ein hochgradig dynamisches Strukturgefüge, in dem sich ständig irgendwelche Veränderungen auf unterschiedlichen Zeitskalen ereignen.

Sandkörner und Kleinstschalen von Kammerlingen aus der Nähe.

Sand am Strand

Für den Strandurlaub ist Sand ein gänzlich unverzichtbares Medium, davon abgesehen ist es aber auch eine geologisch interessante Materie. Für die Bauwirtschaft regelt DIN 4022, was unter Sand zu verstehen ist – nämlich ein körniges Lockermaterial mit definierten Korngrößendurchmessern (vgl. Tabelle 2). Geologisch betrachtet ist Sand ein klastisches Sediment (vom griechischen klastein = zerbrechen) und demnach ein Trümmergestein. Sandkörner entstehen durch Verwitterungsvorgänge aus Festgesteinen. Je nach Beschaffenheit und mineralischer Zusammensetzung des Ausgangsmaterials kann die chemische Verwitterung einzelne Körner sogar völlig auflösen. Diesem Schicksal unterliegen beispielsweise die Feldspäte und Glimmer im verwitternden Granit. Gleiches gilt auch für die feinen Partikeln aus Calciumcarbonat ($CaCO_3$), die zertrümmerte Muschelschalen und Schneckenhäuser zu den Nord- und Ostseesanden beitragen. Mitunter finden sich in der Sandkornfraktion auch kalkige Schalenreste von Einzellern, vor allem der formschönen Kammerlinge (Foraminiferen). Schließlich bleiben fast immer nur die kaum angreifbaren Quarzkörner übrig. Daher besteht weltweit der weitaus größte Teil des Sandes aus recht beständigem Quarz (Siliciumdioxid).

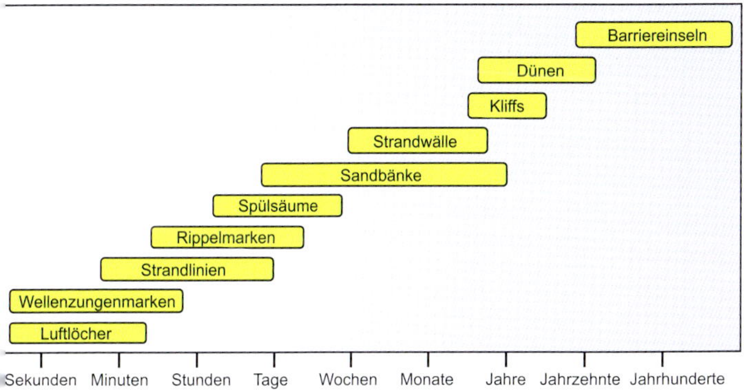

Halbwertszeiten von Sandstrukturen

Lange Wege, runde Kanten

Sandkörner werden relativ leicht verfrachtet – von Wind, Wasser und fließendem Eis. Entsprechend unterscheidet man äolische, aquatische oder glazigene Transportwege und Materialdepots. Während des Transports geraten die Körner unentwegt aneinander und stoßen sich dabei ihre spitzen Ecken und scharfen Kanten ab. Je länger der Materialweg ausfällt, umso eher werden die Körner gerundet – allerdings nur innerhalb bestimmter Grenzen, denn je rundlicher sie bereits sind, umso weniger sind sie durch weiteres Ankicken, Herumpoltern oder Kolli-

Spuren im Sand sind nicht von Dauer.

dieren angreifbar. Tatsächlich reichen die üblichen Transportstrecken überhaupt nicht aus, um die widerstandsfähigen Quarzkörner völlig abzurunden. Die Sandkörner einer Probe vom Strand sind daher nicht so kugelrund wie Miniaturperlen. Das gilt ebenso für eine Körnerschar, die bereits die halbe Sahara durchquert hat.

Wegen dieser erstaunlichen Formbeständigkeit geht man davon aus, dass die weitaus meisten Sande schon mehrere Erosionszyklen durchlaufen haben. Sandablagerungen werden in langen Zeiträumen von anderen Sedimenten überdeckt und unter Druck zu Festgestein verdichtet. Das Ergebnis sind die verschiedenen Typen von Sandsteinen (Tabelle 2). Irgendwann geraten solche Sedimentgesteine erneut an die Oberfläche, zerbröseln durch Verwitterung ein weiteres Mal, werden etwas rundlicher und landen schließlich erneut in einem Sedimentationsraum. Selbst wenn man dafür – was durchaus realistisch ist – einen Zeitraum von 250 Mio. Jahren ansetzt, könnten manche stärker gerundeten Quarzsandkörner bereits mehr als ein halbes Dutzend Erosionszyklen und einen respektablen Anteil der gesamten Erdgeschichte durchlaufen haben.

Ansammlung von Strandsteinen

Tabelle 2: Klastische Sedimente und ihre Korngrößen

Sedimenttyp	Lockergestein	Korngröße (mm)	Festgestein
Psephite	Schutt, Geröll	> 200	Brekzie, Konglomerat
	Kies	200–2	
	Blockkies	200–63	
	Grobkies	63–20	
	Mittelkies	20–6,3	
	Feinkies	6,3–2	
Psammite	Sand	2–0,063	Sandstein, Arkose
	Grobsand	2–0,63	
	Mittelsand	0,63–0,2	
	Feinsand	0,2–0,063	
Pelite	Silt (Schluff)	0,063–0,002	Siltstein Schluffstein
	Grobsilt	0,063–0,02	
	Mittelsilt	0,02–0,006	
	Feinsilt	0,006–0,002	
	Ton	< 0,002	

Tipps zum Mitmachen

Ganz interesSand

- An verschiedenen Stränden Sandproben sammeln – etwa für die Bodenfüllung von Windlichtern zu Hause
- Sand mit der Lupe untersuchen: Rundungen beachten
- Sandproben in einem Glas mit Wasser aufschütteln und absetzen lassen

Kies, Geröll und Strandgestein

Nicht überall besteht der Strand aus ultrafeinem Sand, der seinen Job sogar als Zeitmesser in der Eieruhr verrichten könnte. Weil unsere Küsten das Erbe der Eiszeiten sind, finden sich außer Sandkörnern auch die gröberen Mitbringsel der skandinavischen Gletscher – überraschend vielfältige Ansammlungen, die rund zwei Milliarden Jahre Erdgeschichte überspannen.

Wenn Wasser und Wind die feineren Fraktionen längst weggetragen haben, bleiben die gröberen Bestandteile der eiszeitlichen Geschiebe zurück (Restsedimente) – im Binnenland in den Moränenzügen, direkt am Meeresufer als Strandgerölle, völlig unsortiert in jeglichen Größenklassen von gigantischen Blöcken bis zum handschmeichlerisch gerundeten Kiesel. Auch ohne langjähriges Studium der Quartärgeologie erkennt man sofort, dass die Materialanschüttungen mancherlei Überraschungen und eine Fülle verschiedener Gesteine versammeln.

Von allem etwas

Als Badestrände sind Küstenabschnitte mit Geröllen und Geschieben zugegebenermaßen wenig einladend. Dafür wird hier der Sammeleifer reichlich belohnt. Das Fundspektrum ist beachtlich. Mehr als 300 verschiedene Gesteinsarten lassen sich mit etwas Glück, ein wenig Geduld und wachsendem Kennerblick finden. Sie reichen vom rund 1,5 Mrd. Jahre alten Ropaviki-Granit über unterkambrischen Chiasma-Sandstein und Quarzporphyr von den Åland-Inseln bis hin zu Schlierengneis oder kreidezeitlichem Feuerstein. Mancher der Steine birgt auch schöne Fossilien wie Belemniten, Korallen und Seeigel. Außerdem finden sich auch sonstige Spuren vergangenen Lebens wie etwa baltischer Bernstein.

Mut zur Lücke

Direkt im Einflussbereich der Wellen wird das Geröll kräftig durcheinander gewirbelt und ständig verlagert. An manchen Strandabschnitten finden sich die größeren Brocken oben auf dem Strand, wohin sie heftige Sturmfluten verschleppt haben. Die kleineren Steine können nämlich mit dem Unterzug der abfließenden Wassermassen eines Brechers wieder zurück ins Meer transportiert werden.

An brandungsoffenen Strandabschnitten lagert das Meer mengenweise organisches Totmaterial ab – abgerissene Tangstücke, Driftholz, Seegras und Reste von Tieren. All dieser Ausschuss unterliegt dem Materialrecycling durch Klein- und Kleinstorganismen, die sich auch im Lückensystem zwischen Kies und Sand aufhalten. Auffällige Vertreter dieser Resteverwerter sind unter anderem die aufgeregt umherhüpfenden Strandflöhe oder die auffliegenden Tangfliegen, die, wenn man ein verdriftetes Tangbüschel hochhebt, schnell versuchen, sich wieder zu verstecken. An solchen Stränden herrscht also kein Mangel an Stickstoffverbindungen, so dass sich hier auch eine besondere Pflanzenwelt mit Stickstoffzeigern ansiedelt. Die eigenartige Meerstrand-Rübe gehört dazu, aber auch der schmucke Meersenf oder das Kali-Salzkraut.

Tipps zum Mitmachen

Für Sucher und Sammler

- Aus verdriftetem, ausgebleichtem Holz lassen sich äußerst ansprechende Deko-Objekte basteln – irre Skulpturen von fantastischen Fischen und schrägen Vögeln oder andere Kreationen aus beliebigen Pseudowelten.
- Für die genauere Zuordnung von Geröllen empfehlen sich die wunderbaren Strandstein-Bestimmungsbücher von Frank Rudolph (vgl. Literaturverzeichnis).
- Auch mit Strandsteinen kann man kunstvolle Arrangements zusammenstellen. Katrin und Frank Hecker geben dazu in ihrem kreativen Buch *Steine – Federn – Muscheln* (vgl. Literaturverzeichnis) jede Menge Anregungen. Die eventuell vergänglichen Kunstwerke werden mit der Kamera dokumentiert.

Steinobjekt am Strand installiert

Sand in Serie –
Dünamik zum Miterleben

Leichte Brise, blauer Himmel, strahlende Sonne – jetzt am Strand liegen und die Ferien genießen, ist sicherlich das Größte. Irgendwann knirscht jedoch der Sand zwischen den Zähnen, und bald spüren ihn auch die Augen: Der auflandige Wind trocknet die Strandoberfläche aus und hat dann mit den feinen Sandkörnern ein leichtes Spiel. Der Strand wächst jetzt buchstäblich über sich hinaus.

Der Wind treibt die leichtgewichtigen Körner vor sich her und schüttet sie am oberen Strand in flachen, noch kaum auffälligen Wällen auf. Haben sich solche ersten Sandhügel spontan aufgeschichtet, sind bald auch schon die ersten Landpflanzen zur Stelle: Außer der graugrünen Strand-Quecke, dem helllila blühenden Meersenf und den meist eigenartig bleichgrünen Strandmieren teilen sich nur wenige weitere Pflanzenarten den ausgesprochen windigen St(r)andort.

Dünen in allen Entwicklungsstadien

Lockere Verhältnisse

Bei trockenem Wetter hält auflandiger Wind die Sandlieferung von unten ständig in Gang. Sandkörner, die wegen der fehlenden Kapillarkräfte des Wassers in ihrem Lückensystem nicht mehr zusammenhalten, werden ziemlich rasch völlig haltlos und segeln bei jedem Lüftchen über 12 km/h (ab Windstärke 2–3) vor dem Wind in flachen, mathematisch gesehen bestechend schönen parabolischen Flugbahnen landeinwärts. Hier bauen sie lagenweise den flachhügeligen oberen Strand auf, der im Sommer kaum noch von den Springtidenflutständen erreicht wird und erst bei den ersten starken Winterstürmen wieder beträchtliche Umbauten erfährt. An fast allen Sandstränden der Welt zeigt sich ein aus der gemeinsamen Aktion von Wasser und Wind modelliertes Strandprofil. Auch unterhalb der Tidenlinien setzt es sich fort. Seine Strandrinnen mit Strandseen oder die vorgelagerten Sandbänke werden allerdings nur bei Niedrigwasser sichtbar.

Langsam geht es aufwärts

Die zunächst noch flachen Sandwälle wachsen durch weitere Sandzufuhr allmählich in die Höhe und bilden nun höhere Sandberge. Die Windgeschwindigkeit nimmt von unten nach oben zu. Die luvseitigen (seeseitigen) Dünenflanken werden stärker modelliert als ihre rückwärtigen Leehänge: Die zunächst noch wenig auffällige Vordüne wandelt sich so allmählich zur auffällig steilkuppigen Weißdüne (Primärdüne). Auf ihren Kämmen und Leelagen befestigen jetzt charakteristische Gräser das lockere Machwerk – Strandroggen mit breiten, flachen, blaugrauen und Strandhafer mit schmalen, graugrünen, zusammengerollten Blättern. Wie ein Sandstrahlgebläse wirkt der ständig auf sie einprasselnde Flugsand, und doch kann er den erstaunlich harten und erkennbar widerstandsfähigen Blättern nur wenig anhaben.
Die helle Färbung zwischen den einzelnen Pflanzen verrät, dass der Sandboden noch keinen dunklen Humus angesammelt hat. Außerdem ist sein Wasserrückhaltevermögen nicht sonderlich ausgeprägt. Dünengräser entwickeln deswegen ein unglaublich dichtes Wurzelwerk. Der Strandhafer verzweigt sich an den Knoten und treibt von dort weit reichende Wurzeln aus. Einzelpflanzen bilden mit der Zeit dichte Horste und werden zu Sandfängern, weil sich dahinter der Wind etwas beruhigt und die Sandkörner zur Ruhe kommen lässt. Alle Dünengräser sind erstaunlich übersandungsfest. Sollten sie von den anfliegenden Sandmassen verschüttet werden, bilden sie neue Wurzeletagen und kommen nach kurzer Zeit mit frischen Trieben erneut zum Vorschein.

Dünen schützen die Küste. Mit künstlichen Anpflanzungen von Dünengräsern versucht man daher, Dünen auf Dauer festzulegen. Weil sie eine natürliche Hochwasserbarriere bilden, darf man Dünen meist nicht betreten – wilde Trampelpfade zerstören die Pflanzendecke, und dann könnten Windanrisse erneut Bewegung in die Düne bringen und ihre Sandmassen verlagern: Eine Wanderdüne ist zwar ein interessantes Naturphänomen, aber an unseren Küsten nicht besonders erwünscht.

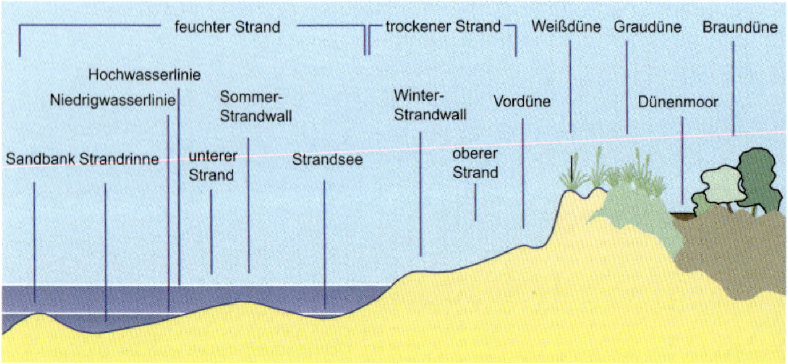

Gestaltungselemente einer Sandküste

Auch Dünen altern

Dünen entwickeln sich: Sobald die Dünengräser dichtere Bestände aufgebaut haben, finden sich weitere Pflanzenarten ein – darunter Silbergras, Sand-Segge, Sanddorn und Kriech-Weide. Jetzt kann sich allmählich auch eine dünne Humushaut ansammeln, auf der Moose und Flechten siedeln. In der gealterten Düne sieht man keinen blanken Sand mehr wie in der Weißdüne, und ihre Bodenfarbe wechselt nach Grau: Die Weißdüne ist zur Graudüne (Sekundärdüne) gealtert.
Schließlich erobern Zwergsträucher wie Besenheide, Krähenbeere und weitere Vertreter der Heidekrautgewächse den Dünenstandort, womit wiederum ein deutlicher Aspektwechsel einhergeht: Die Graudüne wird nach Jahren zur ziemlich stabilen Braundüne (Tertiärdüne) mit anderen Bodeneigenschaften. Wenn es denn die Topographie zulässt, können sich hier schließlich auch Baumgehölze wie Kiefern und Eichen sowie verschiedene Strauchgehölze ansiedeln. Unter dem Einfluss des ständig wehenden Windes verformen sie sich meist zu abenteuerlich aussehenden Gestalten. Windschur nennt man dieses Phänomen. Der Wind wirkt

im Luv wie die zuschnappende Schere eines Parkgärtners. Nur ganz windoffene Dünengebiete bleiben weitgehend gehölzfrei. Auch auf den großen Wanderdünen mit ihrem ständig umgeschichteten Sand hat es der Pflanzenwuchs ziemlich schwer.

Lieber nicht reingehen

Die tiefen Senken zwischen den Kuppen der Braundünen, die gestreckten oder rundlichen Dünentälchen, beherbergen mitunter interessante Feuchtgebiete mit richtigen kleinen Niedermooren. Hier kommen Pflanzen- und Tierarten vor, die man am Trockenstandort Dünengebiet zunächst einmal gar nicht erwartet. Der seltene Sumpf-Bärlapp wächst hier ebenso wie der Rundblättrige Sonnentau. Dessen höchstens münzgroße, purpurrot überlaufene Blätter tragen zahlreiche haarartige Fangtentakel, die einen äußerst zähen Schleim absondern. In der Sonne glitzern die Schleimtropfen wie frischer Tau und werden von Kleininsekten für Nektar gehalten – ein tödlicher Irrtum, denn sie kommen von der ausgelegten Leimrute nicht mehr los und werden von der fleischfressenden Pflanze verspeist. Damit deckt sie ihren Bedarf an Stickstoffverbindungen, die ihr der noch extrem nährstoffarme Moorboden nicht bieten kann.
Wie alle Feuchtgebiete sind auch die Dünenmoore außerordentlich trittempfindlich und sollten deswegen unbedingt eine abgeschiedene Welt bleiben. Ein leistungsstarkes Fernglas kann hier hervorragende Dienste leisten – bis hin zur genaueren Diagnose des letzten Sonnentau-Insektenmenüs.

Tipps zum Mitmachen

Hart im Nehmen

- Anpassungsmerkmale der Weißdünengräser gegen Sandstrahlgebläse und Wasserverlust untersuchen
- Besonders aufschlussreich sind Blattquerschnitte, die im Mikroskop betrachtet werdem
- Artenfolge von der Vordüne bis zur Braundüne registrieren
- Auf Kleintierleben zwischen den Dünenpflanzen achten: Ameisen, Laufkäfer, Spinnen u.a.
- Vorsicht: Dünengebiete sind (auch) der Lebensraum der Kreuzotter

Wälder an der Küste

Im Deichvorland an der Nordseeküste lassen es die Boden- im Verbund mit den Windverhältnissen einfach nicht zu, dass sich größere Gehölzverbände oder gar Wälder entwickeln. An der Ostsee ist das völlig anders: Hier überrascht das Landschaftsbild mit einzigartigen Kompositionen aus Heide, Wald und Wasser.

Zunächst ein Blick zurück in die Genese dieser Landschaft: Nach dem Abschmelzen der Gletscher stellte sich auf den basen- und mineralstoffreichen Böden der hügeligen Moränenlandschaft entlang der südlichen Ostseeküste schon bald eine üppige Vegetation ein. Es begann mit Kräutern, dann folgten Weiden und Birken, Wacholder und Sanddorn. Nur wenige hundert Jahre nach dem Abtauen der Gletscher hatten sich die ersten nacheiszeitlichen Wälder aus Birken und Kiefern entwickelt. Diese Birken-/Kiefernwälder finden sich noch heute an der östlichen und nördlichen Ostseeküste.

Klima- mit Waldwandel

Das nacheiszeitliche Klima wurde allmählich milder und förderte entsprechend die Verbreitung von Laubbäumen. Zunächst breitete sich die Haselnuss aus, der dann Eichen folgten. Mit ihren breiten Kronen und ihrer hohen Wuchsform beschatteten sie bald die jungen Kiefern und

Kiefernwald an der Ostsee

drängten sie so zurück. Diese Ausbreitung der Eichenwälder erfolgte aber nur im westlichen Europa, das unter Einfluss des atlantischen wintermilden Klimas liegt. Die Stiel-Eiche benötigt jedoch feuchte Böden, so dass sich auf trockenen Dünenböden weiterhin die Kiefer behaupten konnte. Buchen, deren helle Stämme so auffällig an den Abbrüchen der Steilküsten leuchten, kamen erst deutlich später hinzu.
Als vor etwa 4000 Jahren der vergleichsweise rasche Anstieg des Meeresspiegels sich deutlich verlangsamte, setzte an der südlichen Ostsee der Küstenausgleich ein. Die exponierten eiszeitlichen Hügel mit guten Böden waren inzwischen mit Laubwäldern bewachsen. Sie wurden jetzt vom Meer abgetragen. Auf den sandigen Böden der neu entstehenden Anlandungsgebiete (Nehrungen) konnten sich wiederum allenfalls Kiefern ansiedeln.

Malerische Bilder

Die alten Waldbestände an den Hochufern mit der Kombination der gelben und weißen Steilküsten am blauen Meer sind eine Besonderheit im südlichen Ostseeraum und speziell der deutschen Ostseeküste. Erwähnenswert sind unter anderem der Eichen-/Buchenwald auf der Insel Vilm im Greifswalder Bodden sowie der größte zusammenhängende Buchenwald an der Ostseeküste auf der Halbinsel Jasmund im gleichnamigen Nationalpark – eine im wahrsten Sinne des Wortes malerische

Buchenwald Jasmund auf Rügen mit Findling

Landschaft, denn hier haben so berühmte Künstler wie Caspar David Friedrich (1774–1840) und sein Freund Carl Gustav Carus (1789–1869) ihre Motive gefunden. Seit 2011 gehört der Jasmunder Wald zum Weltnaturerbe „Alte Buchenwälder Deutschlands".
Besonders prächtig stellt sich der Buchenwald mit den knorrigen uralten Eichen auf der Insel Vilm dar. Neben rund 500–600 Jahre alten Hude-Eichen gehören die geschützten Buchen des Vilms zu den ältesten Waldbeständen des Ostseeraums. Der letzte Holzeinschlag fand hier in den Jahren 1527–1538 statt. Diese Bestände, die heute unter Naturschutz stehen, entwickeln sich nun zu einem Sekundär-Urwald. Eine weitere Besonderheit, die immergrüne Stachelpalme, findet sich in den küstennahen Wäldern am Darß und in der Rostocker Heide.

Und ständig nagt die Ostsee

Dem Besucher der winterlichen Ostsee bieten sich nach einer Sturmflut eindrucksvolle Bilder des unaufhörlichen Kampfes zwischen Land und Meer: Nach heftiger Unterspülung durch Wellenangriffe vom Ufer gestürzte Baumriesen, tiefe Höhlen am Fuße des Steilufers (Kehlen), Erdrutsche mit freigelegten Findlingen, abgetragene Dünen und Durchbrüche in Niederungen – die kräftigen Wellenattacken zeigen ihr Werk mit Wirkung. Von der Hauptwindrichtung aus West zeugen vielfach die reichlich zerfetzten Baumkronen alter Kiefern und Buchen, die allesamt in östliche Richtung weisen.

Tipps zum Mitmachen

Mal Kliffkante, mal Strandpfad

- Empfehlenswert ist eine Bootstour mit einer geführten Umrundung des Vilms (rechtzeitig anmelden) von Lauterbach aus.
- Wanderungen entlang der Steilküsten, entweder oben entlang des Kliffs oder weiter unten am Strand, sind ein landschaftlicher Hochgenuss.
- Kamera und Fernglas mitnehmen!
- Unbedingt festes Schuhwerk vorsehen – der frei anstehende Mergel am Fuß des Kliffs ist glatt und feucht.
- Unbedingt die Abbruchwarnungen an den Steilufern beachten!
- Niemals die Hohlkehlen am Fuß der Steilufer betreten!

Schatzsuche am Spülsaum

Neugierig auf Neptun? Und gar einen Blick in die Schatztruhe des Meeresgottes werfen? Was die Wellen tagtäglich und besonders nach Stürmen an den Strand spülen, mutet wie ein Blick in sonst verborgene Welten an. Was auf den ersten Blick wie eine in langen Streifen abgesetzte Abfalldeponie aussieht und auch noch den etwas unschönen Begriff Spülsaum trägt, ist tatsächlich ein Sammlerparadies. Viele Strandfunde bleiben für den Betrachter aber zunächst ein großes Fragezeichen, denn die Lebensformen des Meeres unterscheiden sich zuweilen deutlich von denen an Land oder im Süßwasser.

Als Spülsaum bezeichnet man den Strandabschnitt, bis zu dem die letzte Flut vorgedrungen ist und wo das ablaufende Wasser allerhand größeres oder kleineres Treibgut als Angespül zurückgelassen hat. Die oft reichlich seltsamen Strandfunde aus diesem Spülsaum vermitteln allerdings nur eine erste Vorstellung davon, welch ungeheure Formenvielfalt an Lebewesen im Meer existiert und wie andersartig die Anforderungen an das Leben im Meer sein müssen. Oftmals ist auch nicht ganz einfach zu entscheiden, von welchem der vielen eigenartigen Lebewesen man denn gerade ein Bauteil vor Augen hat.

Bunte Mischung

Ohne große Probleme lassen sich im Angespül die Algen bzw. Tange erkennen, auch wenn die zarteren Formen durch Pigmentabbau schnell ihre ursprüngliche Farbe einbüßen. Ungleich schwieriger verhält es sich mit angespülten Tierkörpern oder Teilen davon. Keine Erkennungsprobleme bereiten natürlich die farben- und formenreich angespülten Muschelschalen und Schneckengehäuse. Zu ihren attraktivsten Vertretern gehören die verschiedenen Arten der Kammmuscheln. Ihre größeren Verwandten verspeist man in Frankreich als Delikatesse. Die bei uns vorkommenden Kleinformen imponieren dafür durch ihre feingliedrig skulpturierten und oft bunt gescheckten Schalenklappen.
Ein unvergleichlich farbenreiches Spektrum weisen auch die Klappen der überall verbreiteten und im Angespül häufig anzutreffenden Baltischen Plattmuschel auf. Zuweilen kann man die Spuren von Muscheln sogar in angespülten Steinen, besonders in Kreideblöcken, ausmachen. Wie ein Käse sind manche Felsbrocken durchbohrt: Sie bergen häufig noch die Schalenklappen von Bohrmuscheln, die sich in jahrelanger Arbeit mühsam eine Wohnstatt in den harten Untergrund geätzt und gefräst haben.

Algen im Spülsaum auf Helgoland

Reste von Rüstungen

Auch die angespülten kalkigen Rückenpanzer und Scheren der Krebse zeugen von der Formenvielfalt der heimischen Unterwasserwelt. Anders als weitläufig angenommen, müssen sie übrigens nicht nur von toten Tieren stammen. Wenn Krebse wachsen, häuten sie sich und streifen ihre zu eng gewordene Schale vollständig ab. Ihre abgelegte alte Rüstung im Angespül zeugt dann also nur von ihrem Dasein, nicht aber von ihrem Tod.

Besondere Schmuckstücke einer jeden Aufsammlung aus dem Angespül sind zweifelsohne die leeren Gehäuse eines Herz-, See- oder Strandigels. Man muss schon großes Glück haben, um ein unversehrtes Exemplar zu finden, denn meistens werden sie schon bald von den Wellen zerschlagen. Wenn ihre kuppelförmigen Panzer an den Strand geworfen werden, verlieren sie meist ihre Stacheln, doch deren Ansatzstellen bleiben als kleine Höcker auf der Oberfläche sichtbar.

Die Mundöffnung liegt bei diesen Tieren auf der Unterseite. Bei frisch angespülten kuppelförmigen Seeigeln findet man mit etwas Glück noch den bemerkenswert aufwändig konstruierten fünfstrahligen Kauapparat, der unter der poetischen Bezeichnung „Laterne des Aristoteles“ in die Literatur eingegangen ist. Mit seinem technisch komplizierten Bänder- und Sehnenapparat stellt sie eines der größten mechanischen Wunderwerke der Natur dar.

Bunte Kammmuschel
Mimachlamys varia

Farben-
vielfalt der
Roten Bohne
*Macoma
balthica*

Kreidestück von
der Helgoländer
Düne mit Wohn-
röhren von
Bohrmuscheln

Leere Gehäuse vom Strandigel

Angespülte „Laterne des Aristoteles"

Seltsame Meeresfrüchte

Muschel- und Schneckenschalen lassen sich als Überreste von abgestorbenen Tieren leicht identifizieren. Wer aber könnte sich vorstellen, dass die gelegentlich von Seegräsern und Algen abgerissenen Trauben schwarzer zugespitzter Beeren von ihren engsten Verwandten abstammen? Schneidet man eine der runden „Früchte" auf, lüftet sich das Geheimnis: In jedem dieser kleinen Ballen befindet sich ein noch winziger kleiner Tintenfisch. Wenn der kleine Nachwuchs schlüpft, sind die Eltern bereits verendet. Aber ihr Rückenskelett, der bekannte aus Kalk bestehende Rückenschulp, wird häufig in großen Mengen an den Strand gespült. Neben der Stützfunktion erfüllt er noch eine weitere wichtige Aufgabe – er dient nämlich als Schwebeorgan. Durch die kontrollierte Einlagerung und Abgabe von Gasen können die Tiere mühelos und ohne Kraftaufwand im Wasser den Schwebezustand halten. Dieses System ist übrigens schon Hunderte von Millionen Jahre alt. Versteinerte Vorgänger der Schulpe, „Donnerkeile" der Tintenfisch-Vorfahren, werden nach starken Stürmen aus dem unterseeischen Gestein (besonders Kreide und Muschelkalk) heraus gespült und auf den Strand geworfen.

Tintenfisch-Laich

Tintenfisch-Schulp

Rocheneier („Nixentaschen") haben eine derbe Verpackung.

Geworfene Gelege

Neben den Laichbeeren des Tintenfisches werden auch Eier von anderen Meeresorganismen an den Strand gespült. Das gilt besonders für Eier mit derben Verpackungen wie die der Rochen und Haie. Die kissenförmigen „Nixentaschen" können sich mit Hilfe von Fortsätzen an den Ecken an festen Gegenständen „andocken" und werden anschließend sich selbst überlassen.

Rocheneier sind übrigens fast rechteckig, während die Eier der Haie länger ausgezogen sind. Aus den Kissen schlüpfen später aber keine Larven, sondern bereits vollständig entwickelte Jungfische, die sofort die Bewegungen der Eltern annehmen und auf Nahrungssuche gehen.

Die leeren Eihüllen treiben durch ihr geringes Gewicht auf und werden über weite Strecken verdriftet.

Laichballen und Gehäuse der Wellhornschnecke *Buccinum undatum*

Die angespülten Eier der Wellhornschnecken kommen dagegen als dichte Pakete daher, die aus vielen miteinander verklebten Kissen bestehen. Aus ihnen schlüpfen bereits fertige Jungschnecken.

Tipps zum Mitmachen

Sammeln und staunen

- Besonders erfolgversprechende Sammelplätze am Meer sind wellengeschützte Abschnitte (z.B. Strandbuchten), deren Spülsaum durch den auflandigen Strom unterhalb der Wellenformationen gespeist werden.
- Auch die Nähe von kleinen Flussmündungen erhöht die Wahrscheinlichkeit, im Angespül fündig zu werden.
- An solchen Stellen ist unbedingt auch auf die Kleinformen zu achten. Einzeln am Boden versprengt bleiben sie unseren Augen verborgen. Wenn sie aber in größerer Dichte zusammengetragen werden, reicht häufig schon eine kleine Löffelprobe davon für ergebnisreiche Blicke durch die Lupe.
- Beleuchten Sie ein leeres Seeigelgehäuse bei Dunkelheit von innen mit einer Taschenlampe – toll, oder?

Der Strand ist nicht für alle da

Weite, weiße und unberührt wirkende Sandstrände erwarten die Küstenurlauber. Und natürlich gehen sie davon aus, dass sie sich dort ohne Beschränkung bewegen und erholen können. Überall an unseren Küsten sind deshalb attraktive Strandabschnitte erschlossen und wandeln sich in der wärmeren Jahreszeit zur beliebten und belebten Freizeitlandschaft: Burgen bauen, Strandsport treiben, Hunde rennen lassen. Der ganze Strand wird in Besitz genommen. Und die Natur?

Die eigentlichen Bewohner des Strandes nehmen wir als Besucher schon gar nicht mehr wahr, weil sie sich schon bei geringen Störungen in ihrem Lebensraum vorzeitig aus dem Staub gemacht haben. Das gilt besonders für diejenigen Küstenvögel, denen die vegetationsarmen Dünenlandschaften und vorgelagerten flachen Sandstrände im Sommer unersetzbaren Lebensraum für Brut und Aufzucht der Küken bieten.

Lautstarker Strandwächter

Vergleichsweise robust ist der Austernfischer, der sicherlich auffälligste Strandvogel unserer Breiten. Vermeintliche Eindringlinge begrüßt er mit lauten und durchdringenden Rufen und warnt so gleichzeitig die gesamte Umgebung. Besonders im Frühling lassen sich die ritualisierten Balzkämpfe der Männchen gut beobachten. Dann laufen sie zu mehreren nebeneinander her und rufen dabei sehr laut und kreischend. Direkt am Strand setzen die Austernfischer ihre Gelege in den Sand, aber auch in Kies, Geröll oder in die flachen Salzwiesen. Ihre Nahrung finden sie überall im Boden durch Stochern mit dem langen Schnabel. Die aus dem Nest flüchtenden Küken führen die Eltern sofort in beruhigte Bereiche.

Austernfischer mit Nachwuchs

Getarntes Gelege vom Sandregenpfeifer

Unerkannte Tarnkünstler

Gegenüber Störungen ungleich empfindlicher verhalten sich die viel selteneren Sandregenpfeifer. Anders als den Austernfischer wird man diesen Vogel am Strand kaum wahrnehmen, weil er durch sein Gefieder-Outfit hervorragend getarnt ist und sich auch viel unauffälliger verhält. Noch perfekter getarnt ist allerdings sein Brutplatz. Die bis zu vier sandfarbenen und zugleich dunkel gesprenkelten Eier werden in eine flache Sandmulde gelegt. Zwischen Kieselsteinen und Muschelschalen fallen sie kaum noch auf. Auf Zuruf der Eltern verlassen die frisch geschlüpften Küken sehr schnell ihr Nest und suchen flache Deckungsmöglichkeiten auf, zum Beispiel den Rand der Dünenvegetation. Die Eltern beschützen den Nachwuchs, indem sie mögliche Feinde oder Eindringlinge „verleiten". Dabei stellen sie sich flügellahm, verringern deutlich die Fluchtdistanz und lenken so die Aufmerksamkeit auf sich. Folgt man ihnen, kann man sicher sein, nicht versehentlich auf die bestens getarnten Küken zu treten.

Akrobaten in der Luft

Besonders kritisch auf Störungen im Brut- und Aufzuchtgebiet reagieren die Seeschwalben. Die robusteren, koloniebildenden Arten lassen sich vergleichsweise wirksam schützen, weil man ihre dicht gedrängten Brutkolonien effektiv und für alle Besucher nachvollziehbar vor Störungen schützen kann. Das gilt aber nicht für die kleine Zwergseeschwalbe, die im Gegensatz zu ihren größeren Verwandten ihr Gelege an den Stränden häufig nur weit verstreut in eine flache Brutmulde legt und dies auch nur an beruhigten und weitläufigen Strandabschnitten. Ohne weitläufigen Arealschutz wäre diese Art längst von unseren Küsten verschwunden.

Ein wendiger Flugkünstler: die Zwergseeschwalbe

Tipps zum Mitmachen

Einfach mal verführen lassen

- „Verleitenden" Vögeln soll man unbedingt folgen oder sich vorsichtig aus ihrem Areal entfernen: Versteckte Gelege oder Küken sind in der Nähe.
- Frühe Morgenstunden eigenen sich besonders gut zur Strandvogelbeobachtung, da dann die Elterntiere ihre Küken manchmal auch aus der Deckung führen.
- Vogelkundliche Führungen lohnen sich immer. Man erfährt dort in vergleichsweise kurzer Zeit auch viele Tipps für weitere eigenständige und naturverträgliche Erkundungen.
- Aussichtsreiche Küstenbeobachtungsplätze benennen Spezialbücher, darunter besonders empfehlenswert Moning/Weiß, Vögel beobachten in Norddeutschland (vgl. Literaturverzeichnis).

Kein Platz für Brutvögel: (Störender) Tourismus am Strand

Sandstrand – ein Fall für Spezialisten

An einer Weichbodenküste grenzt das Land nicht so scharf an das Meer, wie eine Landkarte es abbildet. Der fest gezogene Strich steht viel eher für eine unterschiedlich breite Zone, die zwar erkennbar zum Land gehört, aber vom Meer nachhaltig mitgeformt wurde. Massenhaft schleppen die Gezeitenströmungen vom Meeresboden Sedimente unterschiedlicher Korngrößen heran, lagern sie in stillen Buchten ab oder ziehen sie an stärker strömenden Abschnitten zu kilometerlangen Stränden auseinander. An Land geht der Sandtransport weiter. Jetzt ist allerdings nicht mehr das Wasser, sondern der Wind eine überaus leistungsfähige und im wahrsten Sinne des Wortes tragende Kraft.

In diesem rauen und zugleich in kurzen Zeitabschnitten wandlungsfähigen Übergang von Land und Meer können sich nur wenige Spezialisten dauerhaft behaupten. Ihr Verhalten ist von hoher Flexibilität gegenüber Umwelteinflüssen gekennzeichnet, die für sie quasi Tagesgeschäft sind. Im Gegenzug schützt sie der stetige Wandel vor möglichen Feinden oder wenigstens einem Teil von ihnen. Trotzdem gelingt nur wenigen Arten der Spagat zwischen Land und Meer und fordert ihnen zugleich besonders gut funktionierende Anpassungsmechanismen ab.

Die scheinbare Leere trügt. Auch der Strandboden bietet vielfältigen Lebensraum.

Einsteiger

Salzkäfer *Bledius* mit kurzen Stümmelflügeln

Dem Lebensraum Sandstrand kann man sich von der Wasser- wie von der Landseite her nähern. Von Land aus besuchen im Sommer Myriaden von Tangfliegen den Strand, sobald sie ein reich an organischer Substanz gedeckter Spülsaum anlockt. Wenn die Strandverwaltung den Lebensraum vor Eintreffen der Strandgäste wieder abräumt, können ihm die Fliegen allerdings auch schnell wieder verlassen und sich in die höher gelegenen Dünen zurückziehen.

Deutlich eingeschränkter ist da schon der Aktionsradius des Salzkäfers (*Bledius* spp). Er wird noch nicht einmal 1 cm lang und bleibt trotz seiner kurzen, rötlich-goldfarben schimmernden Flügeldecken den Blicken meist verborgen. Typischer Lebensraum sind die Sandstrände nahe der mittleren Tidenhochwasserlinie. Ihre Standorttreue hat einen guten Grund: Salzkäfer graben nämlich senkrechte, bis zu 12 cm tiefe und 5 mm weite, dauerhaft genutzte Wohngänge in den Boden. Den anfallenden Abraum türmen sie am Ausgang zu kleinen Häufchen auf. Seitlich in den Wohnröhrengang graben sie birnenförmige Höhlen, an deren Decke sie je ein Ei aufhängen: So bleibt es vor Verpilzung geschützt. Die Larven leben in der Wohnröhre mit dem Muttertier, bis sie sich verpuppen und zum Käfer verwandeln. Vor jedem Hochwasser werden die Höhlen verschlossen – das Salzwasser bleibt somit außen vor.

Bledius-Abraumhäufchen auf dem Sandboden

… und Aussteiger

Ganz anders verhält es sich mit den Arten, die sich den Lebensraum Sandstrand von der Meerseite erobert haben. Direkt im Bereich der Spülsäume lebt der Strandfloh (*Talitrus saltator*), ein Flohkrebs: Sein seitlich zusammengedrückter und milchgrau gefärbter Körper ist der Umgebung sehr gut angepasst. Am Hinterleib sitzen je drei große, nach hinten gerichtete Sprung- und Schwimmbeinpaare. Bei Dämmerung suchen die Strandflöhe nach verdaubaren Bestandteilen im Angespül. Mit Anbruch des Tages ziehen sie sich in ihre selbst gegrabenen Wohnhöhlen zurück. Durch diese Tagesrhythmik und ihren festen Panzer vermeiden sie unnötigen Flüssigkeitsverlust in ihrem Körper. Bei Gefahr können sie bis zu 30 cm weit springen, indem sie ihren Hinterleib blitzschnell strecken und sich abstoßen. Das macht es besonders den am Strand nach Nahrung suchenden Vögeln schwer, sie zu erwischen.

Strandfloh
Talitrus

Grenzgänger

Nur bis an die Flutlinie schafft es das Sägezähnchen (*Donax vittatus*), eine kleine, bis zu 3 cm lange und mit kräftigen, am Rand gezähnten Schalenklappen ausgestattete Muschel. Sägezähnchen leben direkt unterhalb der Oberfläche in stark bewegten und überströmten Sandböden. Dort befindet sich im Wasser viel Sauerstoff. Allerdings können die Wellen das Sediment binnen kürzester Zeit umwälzen und die oberflächennah eingegrabenen Tiere leicht frei legen. Das ist für die kleinen, festschaligen Muscheln aber kein Problem. Falls sie einmal freigespült

Sägezähnchen *Donax*

Breitfüßige Schwimmkrabbe *Portumnus*

werden sollten, graben sie sich mit ihrem muskulösen Fuß binnen weniger Sekunden wieder ein.

Im annähernd gleichen Strandbereich lebt auch die Breitfüßige Schwimmkrabbe (*Portumnus latipes*), die sich oberflächlich eingräbt, sobald der Strand trocken fällt. Solange aber das Sediment noch vom Restwasser benetzt bleibt, macht sie sich auf Nahrungssuche und hinterlässt dabei charakteristische Laufspuren. Aber diese sind so vergänglich wie die Stabilität in diesem Lebensraum. Jeder Zustand ist im Zweifelsfall nur von kurzer Dauer.

Tipps zum Mitmachen

Spuren im Sand

- Tangbüschel am Flutsaum genauer inspizieren
- Der Aushub/Abraum der Salzkäfer zeigt sich in Form kleiner Sandhäufchen. In den Wohngängen horten die Käfer oft Algenstückchen als Nahrung für die Larve.
- Auf – ggf. auch kleine – Spuren im Sand wie Löcher, Dellen und sonstige Vertiefungen achten
- Löcher im Sand sind nicht unbedingt die Ein- und Ausströmöffnungen von eingegrabenen Muscheln, sondern entstehen oft auch durch die entweichende Luft bei auflaufenden Wellen.

Was uns meist verborgen bleibt

Im Sommer des Jahres 1854 zog der junge Berliner Naturforscher Ernst Haeckel bei Helgoland eine Art Mehlsieb aus besonders feinmaschigem Gewebe hinter einem Ruderboot durch das Nordseewasser. Als er wenig später seinen Fang im Mikroskop betrachtete, kam er aus dem Staunen nicht mehr heraus: Ein unglaubliches Gewimmel kleiner und kleinster Lebewesen zappelte und zuckte durch das Gesichtsfeld – bizarre Körper mit großen Augen und langen Borsten, die niemand zuvor je gesehen hatte. Offensichtlich lebt im Meerwasser ein gewaltiger Zoo winziger Lebewesen, die man mit bloßem Auge nicht wahrnehmen kann.

Haeckel war total begeistert, schrieb spontan hinreißende Schilderungen an seine Verlobte und widmete fortan viele Jahre seines Lebens der genaueren Erforschung dieser kleinen Meeresungeheuer, die bis heute nichts von ihrer besonderen Faszination eingebüßt haben.

Ein Spiel der Strömung

Auf einem Objektträger können die kleinen Wasserbewohner kräftig umher rudern. Im offenen Meer sind sie in der Wahl von Ort und Richtung dagegen weniger erfolgreich. Hier bestimmen in erster Linie Wellen und Strömungen das Ziel ihrer Reise. Für Lebewesen, die einfach mit dem Wasser verdriftet und verbreitet werden, führte der Kieler Meeresforscher Victor Hensen den Begriff Plankton ein – das Umhergetriebene oder Getreibsel. Als man mehr über diese treibenden Lebewesen wusste, teilte man sie genauer ein. Winzige Algen wie die Panzergeißler oder die im freien Wasser lebenden Kieselalgen bilden das pflanzliche Plankton (= Phytoplankton). Kleinere oder größere Tiere, die einfach nur schweben, ohne aktiv zu schwimmen, fasst man dagegen als Zooplankton zusammen. Die Lebewesen des Mee-

Auch in der modernen Meeresforschung werden Planktonnetze eingesetzt.

resplanktons können punktfein sein wie die einzelligen Algen, aber auch wagenradgroß wie manche Quallen.

Zart und zerbrechlich

Zu den besonders zarten Formen des Phytoplanktons gehören die Kieselalgen. Ihre Schalen bestehen aus Kieselsäure und sind daher durchsichtig wie Glas. Zusätzlich sind sie wie eine Gardine mit feinen Lochmustern versehen. In den Zellen lagern sie leichte Öltröpfchen ein und verbessern damit ihre Schwebefähigkeit im Wasser. Alle Phytoplankton-Organismen sind zur Fotosynthese befähigt, sie binden Kohlenstoffdioxid und setzen dafür Sauerstoff frei. Dieser gelangt aus dem Meer in die Atmosphäre und wird so zum Bestandteil unserer Atemluft. Rund die Hälfte des Sauerstoffs, den wir zum Atmen brauchen, geht allein auf das Konto des Phytoplanktons im Meer.

Gläserne Tiere

Schwimmlarven von Krebsen, Korallen, Seenelken, Seepocken, Schnecken und Muscheln, die Jugendstadien von Würmern, Seeigeln und Seesternen, sowie viele Fischlarven tummeln sich für uns unsichtbar im Wasserkörper des Küstenmeeres. Sie sind völlig farblos – man schaut gleichsam durch sie hindurch. Im Wasser möchten sie möglichst wenig auffallen, denn nur so werden sie nicht vorzeitig zur leichten Beute ihrer zahlreichen Fressfeinde. Viele Meerestiere verbringen nur ihre Larvenzeit im Plankton. Später setzen sie sich fest wie die Seepocken, oder kriechen auf dem Meeresboden wie die Schnecken und Seesterne. Andere Tiere verbleiben dagegen ihr ganzes Leben in der treibenden Welt wie beispielsweise die Rippenquallen. Einige Organismen des Planktons senden im Dunkeln kurze Lichtblitze aus. Wenn sie im Sommer massenhaft auftreten wie die berühmte *Noctiluca*, erzeugen sie das bekannte und immer wieder ein wenig gespenstische Meeresleuchten.

Kleine Algen, große Fische

In den Wintermonaten sind im Wasser kaum Planktonwesen anzutreffen. Erst im Frühjahr treten – parallel zu höherem Sonnenstand und zunehmender Wassererwärmung – als erste die bräunlichen Planktonalgen in Mengen auf, manchmal sogar so massenhaft, dass sich das Meerwasser

rötlichbraun verfärbt und man von Algenblüte oder Roter Tide spricht. Dann können sich in einem Milliliter Meerwasser (weniger als ein Fingerhut voll) mehrere Millionen Einzelzellen aufhalten.
Die große Bedeutung der zunächst unscheinbaren Planktonalgen liegt darin, innerhalb der Nahrungsnetze die Nahrungsbasis für alle nachgeschalteten Meereslebewesen zu bilden. Schon bald nach dem Phytoplankton erscheinen die ersten Pflanzenfresser, vor allem die zahlreichen Ruderfußkrebse. Mit ihren fein verzweigten Mundwerkzeugen und Antennen filtrieren sie die Algen aus und ernähren sich davon. Sie dienen ihrerseits als Nahrung für größere Planktontiere, beispielsweise größere Krebslarven oder Pfeilwürmer, aber auch für die verschiedenen Quallen, die fast immer nur saisonal auftreten. Von den Kleinkrebsen ernähren sich wiederum die kleineren Fische wie der Hering. Diese werden von Großfischen wie Dorsch oder Kabeljau verspeist. Am Ende der Nahrungskette stehen in der Nordsee die Seehunde, die hier keine natürlichen Feinde haben. In der nordöstlichen Ostsee tritt an ihre Stelle die Ringelrobbe.

Planktische Dorschlarve

Planktischer Polychaet *Tomopteris*

Tipps zum Mitmachen

Eine besondere Seh-Reise

- In die Ferien am Meer unbedingt ein kleines Planktonnetz und eine Stereolupe oder ein Reisemikroskop mitnehmen
- In kleinen Petrischalen aus Glas oder Plastik (Mikroskopiefachbedarf im Internet) selbst gefischte Planktonproben untersuchen
- Tagsüber und bei Dunkelheit gesammelte Planktonproben vergleichen
- Mit der Digitalkamera oder mit dem Fotohandy die aufregendsten Gestalten im Bild festhalten

Feuriges im kalten Wasser

Der Badeurlaub am Meer hat eventuell seine Tücken. Der Alarmruf „Feuerquallen!“ ist fast so wirksam wie eine Tsunami-Warnung und vertreibt selbst die entschlossensten Schwimmer augenblicklich aus der Brandung. Dabei sehen die gefürchteten Treibtiere eigentlich recht harmlos aus – gefährliche Zähne, Klauen oder sonstwie Wehrhaftes ist auf den ersten Blick nicht zu erkennen. Der ungewollte Kontakt mit der Haut kann jedoch schmerzhaft sein wie ein Peitschenhieb und schlimmstenfalls sogar ernsthafte Komplikationen nach sich ziehen.

Quallen – in der Wissenschaft als Medusen bezeichnet – sind gallertige Tiere mit flachem bis kuppelförmigem Schirm. Sie kommen in allen Weltmeeren vor. Die besondere Eleganz ihrer Bewegungen und ihres pulsierenden Körpers kann sich allerdings buchstäblich nur unter Wasser so richtig entfalten. An Land gespült, werden aus den filigranen Geschöpfen schnell unansehnliche, glibberige Häufchen, die beim Badegast auch deshalb so unbeliebt sind, weil einige Formen von ihnen bei Berührung unangenehm bis gefährlich heftig nesseln („verbrennen“) können. Auch die Fischer mögen sie nicht, weil sie – wenn sie in großer Menge auftreten – deren Netze verstopfen.

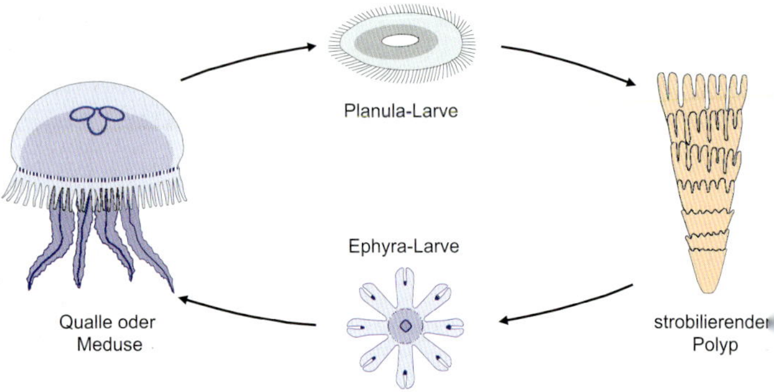

Generationswechsel einer Qualle

Fast nur Wasser

Quallen gehören zu den Nesseltieren (Cnidaria). Sie verdanken ihren Namen den kompliziert aufgebauten Nesselzellen an ihren Fangarmen. Eine Qualle besteht zu 98% aus Wasser und ist im Prinzip ein von Gallerte gefüllter Schirm mit einem Magen sowie regelmäßig angeordneten Geschlechtsknospen. Im Schirmrand finden sich Ringnerven und Lichtsinnesorgane, die bei einigen Arten sogar als Auge ausgebildet sind. Weltweit sind etwa 200 Arten von Schirmquallen bekannt. An der Nord- und Ostseeküste sind nur fünf größere Arten häufig vertreten.

Gefährliche Grazien

Während der gallertige Schirm für Stabilität sorgt, befinden sich an seinem Rand zahlreiche Fangtentakel. Ihre Länge ist von Art zu Art sehr unterschiedlich. Bei der häufigen Ohrenqualle erreichen die Tentakel nur wenige Zentimeter, während die Gelbe Haarqualle bis zu 10 m lange Fangarme ausbildet. Die Tentakel sind mit Nesselzellen ausgestattet, die zu den kompliziertesten Mechanismen im Tierreich gehören. Man unterscheidet Durchschlagkapseln, die mit Giften zur Lähmung des Opfers besetzt sind, sowie Wickelkapseln und Haftkapseln. Die eigentliche Nesselkapsel ist ein Organell der Nesselzellen. Sie hat eine fadenförmige Ausstülpung, welche die Beute erkennt und Signale weitergibt. Bei Berührung entsteht im Inneren der Zelle ein Druck von bis zu 200 bar. Mit enormer Beschleunigung entlädt sich der Druck explosionsartig und schleudert eine pfeilspitzenähnliche Struktur heraus, die in das Opfer eindringt und dann einen Faden von meh-

Treibende Blaue Haarquallen in einem Hafenbecken

Angespülte Ohrenquallen

reren Millimetern Länge ausrollt, der das Gift injiziert. Die gelähmte Beute wird anschließend von Wickel- und Haftzellen übernommen, die sie festhalten und über stetig schlagende Wimpernbahnen zum Mund führen.

Heimliches Doppelleben

Fast alle Nesseltiere führen gleichsam ein Doppelleben. In der Quallenphase leben sie schwebend im Wasser und lassen sich mit den Strömungen treiben. In der anderen Lebensphase sitzen sie als unscheinbare Polypen am Meeresboden. Im Herbst schlüpfen bei der Ohrenqualle aus den bogenförmigen Organen an den vier Mundarmen befruchtete Eier, aus denen zunächst kleine Wimperlarven hervorgehen. Diese setzen sich an einem Stein oder einer Alge am Meeresboden ab und wandeln sich zum wenige Millimeter großen Polypen. Die Polypen verbringen den Winter am Meeresboden und lösen im Frühjahr ihren länglichen Körperschlauch von der Tentakelscheibe aus in kleine Scheiben auf. Die so abgetrennten Jungtiere sehen aus wie kleine Sterne, bald darauf wachsen sie zu einer kompletten Qualle heran. Bereits ab April mit einer Größe von etwa 1 cm bereits gut zu erkennen. Bis zum Sommer entwickeln sie sich zu 40 cm großen Exemplaren, die in Strandnähe zu beobachten sind.

Schön, aber gefährlich

Alle Schirmquallen besitzen Nesselzellen, aber deren Durchschlagkraft und Giftwirkung sind unterschiedlich. Ohren-, Kompass- und Blumenkohlqualle werden dem Menschen normalerweise nicht gefährlich. Äußerst unangenehm ist dagegen die Berührung mit den Tentakeln der Gelben Feuerqualle und der Blauen Nesselqualle, ihrer kleinen Verwandten. Ihr Gift führt zu starkem Schmerz- oder Juckreiz, bei empfindlicher Haut sogar zu schweren verbrennungsähnlichen Verletzungen. Frisch angespülte Haarquallen verlieren nämlich nicht sofort ihre ätzende Wirkung. Es ist daher ratsam, sie weder anzufassen noch sich ihnen barfuß zu nähern, denn die gefährlich nesselnden Tentakel sind am Strandboden zwar nicht unbedingt immer erkennbar, aber noch „scharf".
An der Atlantikküste treiben besonders in den Wintermonaten die mit den heimischen Quallen nur weitläufig verwandten Portugiesischen Galeeren an. Wenn die auffällig blau-violetten bis roten Glaskörper auf der Wasseroberfläche gesichtet werden, sollte man das Baden unbedingt unterlassen. Neben den sehr unangenehmen Verbrennungen durch die Berührung mit den bis zu 30 m langen Tentakeln sind auch bei empfindlichen Menschen Todesfälle bekannt geworden.

Tipps zur ersten Hilfe

Was tun nach Nesseltierkontakt?

- Betroffene Körperstelle **auf keinen Fall** mit Meer- oder Süßwasser abreiben, sondern mit trockenem Sand, Kleidungsstück oder Papiertaschentüchern austrocknen
- Eventuell anhaftende Tentakelreste mit einer Pinzette vorsichtig abheben
- Essig oder Isopropanol (Glasputzmittel) auf die verletzte Stelle geben
- Falls erforderlich: Schockbekämpfung einleiten
- Bei starken Schmerzen in jedem Fall ärztliche Hilfe veranlassen

Die Wichtigsten der Reihe nach

Meersenf *Cakile maritima*
20–50 cm hoch und breit, dickfleischige Blätter, Blütezeit 6–10. Pionierpflanze am Dünenfuß und an Spülsäumen von Sandküsten.

Salzkraut, Kali- *Salsola kali*
10–40 cm hoch, steif und sparrig verzweigt, Blätter mit Dornenspitze, Blütezeit 7–10, Spülsäume und Vordünen sowie Dünenfuß.

Salzmiere, Strand-Salzmiere
Honkenya peploides
5–30 cm hoch, dickfleischige Stängel und Blätter, sieht tannenbaumartig aus, Blütezeit 6–10. Vom Spülsaum bis zu den Vordünen.

Wilde Rübe, Meerstrand-Rübe
Beta maritima
20–80 cm hoch, bildet große Rosetten mit dicklichen Blättern, Blütezeit 7–10, Spülsäume und Strandwälle

Meerkohl *Crambe maritima*
25–80 cm hoch und breit, Blätter kräftig blaugrün bereift, alle Teile dickfleischig, Blütezeit 5–7. Im Spülsaum von grobkiesigen Geröllstränden. Schützenswert!

Spieß-Melde *Atriplex prostrata*
30–80 cm hoch, einjährig, Stängel meist aufrecht, Blätter beidseits graugrün, ohne deutliche Seitennerven, Blüten sehr unscheinbar. Blütezeit 7–9. Spülsäume.

Strandhafer, Helm *Ammophila arenaria*
70–100 cm hoch grüne, meist eingerollte Blätter, stumpfe, dichte Ährenrispe, Blütezeit 6–7 Pionierpflanze auf entkalkten Weißdünen sowie in Graudünen.

Strandroggen *Leymus arenarius (Elymus arenarius)*
60–120 cm hoch Blätter meist flach ausgebreitet, ziemlich steif, oberseits rau, Blütezeit 5–7. Vom Spülsaum bis in die Weißdünen.

Silbergras ***Corynephorus canescens***
10–30 cm hoch, Horste dicht, steif, graugrün, Blattscheiden purpurrot. Blütenstand auffallend silbrig, Blütezeit 6–7. Meist auf der Sonnenseite von Graudünen.

Sand-Segge ***Carex arenaria***
7–20 cm hoch, deutlich dreikantiger Stängel, bildet meterlange Ausläufer, Blütezeit 5–7. Weiß- und Graudünen, Heiden und Kiefernwälder.

Stranddistel ***Eryngium maritimum***
30–70 cm hoch, Blätter lederig dornig gezähnt. Blütezeit 6–8. Lückig bewachsene Weißdünen, meist auf deren Luvseite. Geschützt!

Sandglöckchen ***Jasione montana***
15–30 cm hoch Pflanze ohne Ausläufer, Blüten in kleinen Köpfchen, Blütezeit 6–8. Graudünen der Nord- und Ostseeküsten.

Austernfischer *Haematopus ostralegus*
Bis 43 cm, Gestalt unverwechselbar; Bodenbrüter auf oder in Strandnähe; ruft schrillend laut; stößt mit dem Schnabel im Boden nach Würmern und Muscheln.

Steinwälzer *Arenaria interpres*
Amselgroßer Watvogel (ca. 23 cm) mit leicht aufwärts gebogenem Schnabel, rastet in Trupps zur Zugzeit, wendet Steine zur Nahrungssuche.

Sandregenpfeifer *Charadrius hiaticula*
Bis 19 cm, kurzschnabelig und kontrastreich gefiedert. Brutvogel an einsamen heimischen Strandabschnitten, verleitet Besucher durch flügellahmes Verhalten.

Alpenstrandläufer *Calidris alpina*
Annähernd amselgroß (bis 19 cm). Gedrungener Körper mit langem Schnabel und dunklem Bauchfleck. Häufiger Durchzügler in Trupps oder großen Schwärmen.

Sanderling ***Calidris alba***
In Form und Größe ähnlich dem Alpenstrandläufer doch deutlich heller; sucht mit trippelnden Schritten an der Wasserlinie im Sand stochernd nach Nahrung, weicht dem Wasser aus.

Flussseeschwalbe ***Sterna hirundo***
Schlanker und wendiger Körper (bis 36 cm), mit schlanken Flügeln; rüttelt über dem Wasser und fängt als Stoßtaucher kleine Fische; brütet in Kolonien.

Küstenseeschwalbe ***Sterna paradisaea***
Gestalt und Lebensweise wie die Flussseeschwalbe, doch ohne schwarze Schnabelspitze und mit noch kürzeren Beinen. Überwintert in Südafrika und in der Antarktis!

Brandseeschwalbe ***Sterna sandvicensis***
Kräftiger und zugleich gewandter Flieger mit struppiger, schwarzer Kopfhaube, weit ausholende Flügelschläge; bildet gemeinsame Kolonien mit Lachmöwen.

Kreuzkröte *Bufo calamita*
kräftige Kröte mit warziger Haut und hellem Rückenstrich (8 cm); sammelt sich im Frühling in feuchten Dünentälern zum Ablaichen. Knarrende Rufreihen der Männchen.

Sumpfohreule *Asio flammeus*
Große Eule mit rundem Kopf, langen Flügeln und grober Gefiederbänderung (40 cm); brütet in den Dünen und jagt dort (tagsüber!) vorwiegend nach Kleinsäugern.

Waldeidechse oder Bergeidechse
Lacerta vivipara
zierliche, gestreckte Echse mit einem lang auslaufenden Schwanz und zahlreichen Flecken, heizen sich in der Morgensonne auf und jagen nach Insekten.

Das Watt – sandig, schlickig oder gemischt

Ziemlich grob bis ultrafein

Das Watt zwischen Inseln und Innenküste des Festlandes ist eine faszinierende amphibische Welt, die nur bei Ebbe frei fällt und dann scheinbar nicht mehr zum Meer gehört. Wer zum ersten Mal zum ausgedehnten Auftauch- oder Wechselflutgebiet zwischen Hoch- und Niedrigwasserlinie aufbricht, ist vielleicht stark enttäuscht: Auf den ersten Blick sieht man tatsächlich wenig bis gar nichts – kilometerweit nur nass glänzende graue Flächen, zergliedert von schmalen oder breiten Prielen, ein paar leere Muschelschalen oder hier und da ein verdrifteter Tangfetzen. Das kann doch nicht alles gewesen sein. Tatsächlich leben hier die meisten Organismen betont zurückgezogen im weichen Wattboden.

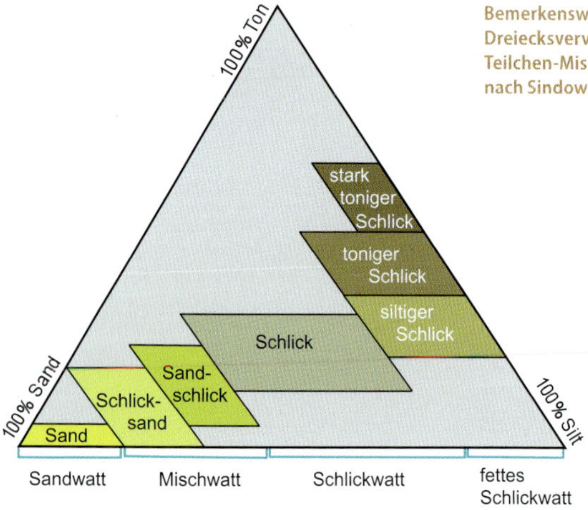

Bemerkenswertes Dreiecksververhältnis: Teilchen-Mischungen nach Sindowski

Im Gegensatz zum steinharten Felswatt besteht der Wattboden überall nur aus körnigem Sediment. Nach der Körnung unterscheidet man Sand, äußerst feinen Schluff und ultrafeinen Ton mit mikroskopisch kleinen Teilchen (vgl. Tabelle S. 49). Zu diesen mineralischen Bestandteilen, letztlich allesamt zerriebenes Gestein aus der Moränenfracht der Gletscher und aus dem Transportgut der größeren Flüsse, kommen unterschiedliche Mengen organischer Stoffe. Im hellen Sandwatt ist ihr Anteil relativ gering – die Sandkörner rinnen daher problemlos durch die Finger. Im dunklen Schlickwatt entsteht aus Ton- und Totstoffteilchen allerdings eine äußerst zähe, anhängliche Mischung. Je nach Klebrigkeit unterscheidet man im Watt verschiedene Bodentypen. Der Geologe Karl-Heinz Sindowski hat dafür eine geniale, heute nach ihm benannte Dreiecksbeziehung entwickelt (vgl. Abb. S. 86).

Die Mischung macht's

Je nach Zusammensetzung und Korngrößenverteilung unterscheidet man verschiedene Wattbodentypen, die jeweils eine besondere Fauna aufweisen. Das betont fußfreundliche Sandwatt kennt man vom Badestrand. Sein Gehalt an organischen Partikeln ist ziemlich gering. Die Sandkörner haften nur bei gewisser Wassersättigung aneinander und ergeben dann ein weitgehend trittfestes Terrain. Auch im Mischwatt, wo der Anteil an Feinteilchen schon deutlich zunimmt, fasst der Fuß noch einen festen Tritt. Hier lassen sich besonders gut ausgebildete Rippelmarken beobachten – fotografisch außerordentlich ergiebige Objekte, vor allem im schräg einfallenden Streiflicht. Kritisch wird es erst im Schlickwatt, das fast nur noch aus Feinstteilchen besteht und einen hohen Anteil organischer Totstoffe aufweist. Diese stammen vorrangig aus den biologischen Produktionsstätten des Meeres: Kleine einzellige Algen und Tiere des Planktons sowie abgestorbene Teile der Unterwasserwiesen und Algen. Solche organischen Partikel, Detritus genannt, bilden die Basis der Nahrungspyramide im Meer. Das Schlickwatt bildet keine Strömungsrippeln aus. Bei Niedrigwasser liegt es glatt und glänzend da. Hier ist besondere Vorsicht angesagt: Der äußerst zähe Schlick gibt jegliches Schuhwerk nur äußerst widerstrebend wieder frei.

Rippeln im Watt

Schwarz wie ein Kohlenkeller

Schon wenige Zentimeter und im Schlick sogar nur Millimeter unter der hellen Oberschicht beginnt im Wattboden ein tiefschwarzes Kellergeschoss. Manchmal ist es auch noch ziemlich anrüchig, weil es deutlich an den „Duft" von faulen Eiern erinnert.

Schwarzer Untergrund im Wattboden

Zahllose Bakterien setzen hier die vom Flutstrom eingetragenen Stoffe unterschiedlich rasch um. Direkt an der Oberfläche kann genügend Sauerstoff eindringen, so dass die Mikroorganismen alle organischen Stoffe vollständig abbauen können. Tiefer im Wattboden ist der Sauerstoff dagegen ständig Mangelware. Die hier arbeitenden Bakterien zerlegen die organischen Reststoffe langsamer und vor allem unvollständig. Dabei entsteht aus dem freigesetzten Schwefelwasserstoff zusätzlich das tintenschwarze Eisensulfid.

Tipps zum Mitmachen

Bodenständig bleiben

- Verteilung der verschiedenen Wattbodentypen erkunden
- Bodenproben in einem Glas aufschütteln und anschließende Schichtung nach Korngrößen beobachten
- Grenze zum schwarzen Untergrund (Eindringtiefe des Sauerstoffs) in verschiedenen Wattböden überprüfen
- Auf Leseabstand zum Wattboden gehen – das Gewimmel der Kleinsttiere erschließt sich nur aus der Nähe
- Wellenfurchenmotive bei verschiedenen Beleuchtungen fotografieren
- Bildung von Mini-Prielen bei ablaufendem Wasser beobachten

Leben unter Tritt und Schritt

Nordseeküste: Nichts hält den Blick zum Horizont auf, wo ein paar tief hängende Wolken und ein ebenso hellgraues Watt fast miteinander verschmelzen. Nass glänzende Sand- oder Schlickflächen breiten sich aus, überall von größeren Pfützen und ein paar Prielen durchsetzt – das klassische Sechsstundenland, über das einen Vierteltag später wieder die Wellen hinweggehen. Nur eine trostlose Landschaft aus Schlamm und Schlick?

Das Wattenmeer entlang der deutschen, dänischen und niederländischen Nordseeküste ist weltweit einmalig. Zweimal am Tag legt die Tide bei Niedrigwasser den Meeresboden teilweise bis zum Horizont frei, und mit der nächsten Flut verschlingt sie ihn wieder, um ihn rund sechs Stunden später erneut freizugeben. Der auf den ersten Blick so gleichförmig wirkende amphibische Streifen ist aber durchaus nicht einförmig, wüstenleer und lebensfeindlich. Im Gegenteil: Bei genauerem Hinschauen zeigt er sich als vielfältig strukturierter Lebensraum. Watt ist aber nicht gleich Watt. Je nach Materialbeschaffenheit und Oberflächenstruktur lässt sich das Watt in verschiedene Bereiche unterteilen. Wo starke Strömungen die Sedimente vielfach umlagert, bildet sich das eher grobkörnige und trittfeste Sandwatt. In den strömungsberuhigten Bereichen setzen sich eher die sehr feinen Kornfraktionen als Schlickwatt ab. Zwischen den beiden Wattformen bestehen mit den Mischwatten je nach Strömungsverhältnissen zahlreiche Übergänge.

Leben auf dem Wattboden

Bei einem Streifzug über den Wattboden fallen zunächst solche Organismen ins Auge, die auf der Oberfläche des Bodens leben. Die gelblich braun bis grünlich gefleckte Oberfläche der Sande weist auf den dichten Belag mit mikroskopisch kleinen Kieselalgen hin. Wegen ihrer fein durchlöcherten Schalenstruktur nennt man sie auch Diatomeen (die Durchbrochenen) (s. S. 71). Dieser feine Teppich, fachmännisch als Mikrophytobenthos bezeichnet, bildet die Nahrungsgrundlage für fast alles tierische Leben im Watt. Den dichten Kieselalgenrasen mit seinen rund 1 Mio. Einzelzellen auf der Fläche eines Fingernagels beweiden die Heere der Strand- und Wattschnecken. Auch sie besiedeln den Wattboden in großer Dichte. Wenn sich bei Ebbe das Wattwasser zurückzieht, benötigen sie wie alle Meerestiere einen Austrocknungsschutz: Den bietet ihnen ihr Gehäuse, in das sie sich vollständig zurückziehen können. Die lückenlos verschließbaren Klappen der Miesmuscheln und Austern erfüllen die gleiche Funktion. Auf den weiten Wattflächen bilden sie ausgedehnte Muschelbänke, lebendige Riffe (S. 93). Auch der kräftige Panzer der Strandkrabbe wirkt als Austrocknungsschutz, doch ist er in seiner Wirksamkcit begrenzt. Deshalb verkriechen sie sich gerne an schattigen Stellen nahe der Buhnen und Muschelbänke oder graben sich sogar in die Oberfläche ein, denn im Sediment bleibt immer eine größere Portion vom Porenwasser zurück. Größere Krabben wandern mit der Ebbe vorübergehend in die wasserführenden Priele.

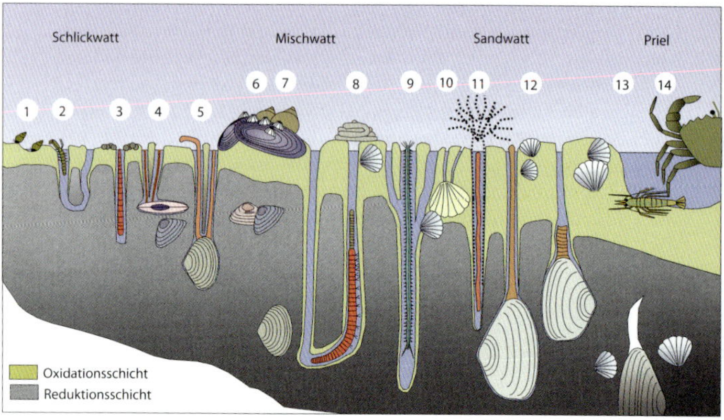

Leben am Boden und im Untergrund: 1 Wattschnecke, 2 Schlickkrebs, 3 Kotpillenwurm, 4 Baltische Plattmuschel, 5 Pfeffermuschel, 6 Miesmuschel, 7 Strandschnecke, 8 Wattwurm, 9 Seeringelwurm, 10 Herzmuschel, 11 Bäumchenröhrenwurm, 12 Sandklaffmuschel, 13 Sandgarnele, 14 Strandkrabbe.

Tiere mit Tiefgang

Der Weichboden im Watt erscheint zwar oft wie ausgeräumt, aber er hat es buchstäblich in sich: Der weitaus größte Anteil der Wattorganismen lebt für unser Auge unsichtbar direkt im Sediment. Fachmännisch bezeichnet man sie als Infauna oder Makrozoobenthos. Mit kundigem Blick aber lässt sich doch voraussagen, was sich im Boden verbirgt, weil die Bewohner an der Oberfläche charakteristische Spuren hinterlassen. Dafür haben sie gute Gründe. Das versteckte Bodenleben schützt zwar vor der Austrocknung, aber wirft dafür im Gegenzug Probleme auf: die Sauerstoffversorgung und Nahrungsbeschaffung.

Die zahlreichen Kotsandhäufchen zeigen die dichte Bodenbesiedlung durch den Wattwurm.

Zwar befindet sich Atemsauerstoff im Porenwasser zwischen den Sedimentpartikeln, aber er verbraucht sich bei einer hohen Besiedlungsdichte ziemlich schnell und ist im zähen Schlick auch recht rar. Wer hier trotzdem überleben will, muss sich Zugang zur Oberfläche verschaffen. Viele Würmer bauen daher Wohngänge, durch die sie das Wasser heran strudeln. Solche Wohnröhren können entweder blind enden oder aber auch verschiedene Aus- und Eingänge haben. Wattwürmer (S. 112) und Schlickkrebse (S. 114) bauen eine L- bzw. U-förmige Röhre. Als Pumpe für den Atemwasserstrom dienen Fächerbeine, Blattfüße oder auch rhythmisches Pulsieren des ganzen Körpers. An der Oberfläche erscheinen dann je nach Art unterschiedlich große Löcher und zum Teil auch kleine Abraumhalden mit dem aus den Wohnröhren ausgeworfenen Sediment. Tiefer und standorttreu sitzende Muscheln bilden zwei lange Atemschläuche (Siphone), die oft in einer Röhre gebündelt sind, bis an die Oberfläche. Durch den einen strudeln sie das Atemwasser an, durch den anderen geben sie das verbrauchte Wasser wieder ab.
Das Leben im Untergrund wirft für die Röhrenbewohner zudem die Frage auf, wie sie ihre Ernährung dauerhaft sichern können. Die Tiere des Wattenmeeres sind dafür mit originellen Eigenschaften ausgestattet. Muscheln strudeln mit ihrem Atemwasserstrom Plankton sowie feine Schwebepartikeln (Detritus) ein und filtrieren sie mit ihren Kiemen ab. Andere benutzen die Spitze ihrer langen, dünnen Atemschläuche als Pipette und suchen so den Boden ringsum nach Mikroorganismen ab. Auch viele Würmer und Schlickkrebse tasten die Bodenoberfläche mechanisch nach Partikeln ab und hinterlassen so charakteristische sternförmige Kratzspuren. Der Bäumchenröhrenwurm konstruiert komplizierte Reusenapparate. Die Wattwürmer (S. 112) und Kotpillen-

Von starker Strömung frei gespülte Sandklaffmuscheln bilden einen Muschelfriedhof.

würmer (S. 112) schließlich schlucken gleich das ganze Sediment herunter und scheiden die unverdaulichen Anteile als charakteristischen Kotsandhaufen an der Oberfläche als Abraum ab. So bleibt ihre Wohnröhre verstopfungsfrei.

Priele – Schaufenster ins Wattenmeer

In den tieferen Abfluss- und Einstromrinnen, den Prielen und Baljen, leben bevorzugt solche Meeresbewohner, die keine speziellen Anpassungsmechanismen an das ständig drohende Trockenfallen entwickelt haben. Einsiedlerkrebse, Seesterne, Seeigel, Blumen- und Polypentiere sowie zahlreiche Fischarten bereichern hier das Artenspektrum. Für einige Fischarten stellen die Priele zudem eine Kinderstube dar. Dort sind sie vor vielen Feinden geschützt und finden gleichzeitig reichlich Nahrung. Das gilt besonders für Plattfische. Sie jagen oberflächlich eingegraben nach vorbeischwimmenden Kleinfischen und Nordseegarnelen (umgangssprachlich meist Krabben, Porren oder Granat genannt). Beim Waten durch einen flachen Priel kitzeln sie den Wattwanderer auch schon mal an den nackten Füßen.

Kriechspuren der Strandschnecken zeugen von ihrer Wanderaktivität.

Fazit: Der erste Blick hat uns getäuscht. Das Watt wimmelt von Leben, und mit scharfem Auge kann man es begreifen lernen.

Tipps zum Mitmachen

Spurenlesen im weichen Watt

- Schnecken und Muscheln auf/unter einer handgroßen Mischwattfläche auszählen
- Bei freigespülten Messermuscheln das rasche Abtauchmanöver beobachten
- Minengebiete der Wattwürmer anhand der Kotschnüre untersuchen: Wie viele siedeln unter 1 m^2 in verschiedenen Wattregionen?
- Einen genaueren Blick verdienen die Ufer der Priele. Wo sie eine Kurve beschreiben, bildet sich auf der Außenseite ein Steilhang, der in schneller Abfolge abbröckelt und die Bodenbewohner freisetzt. Mit fortschreitendem Uferabbruch lassen sich gerade hier die recht tief eingegrabenen Sandklaffmuscheln beobachten. Für diese Muscheln werden die Sedimentverlagerungen allerdings zum tödlichen Verhängnis, weil sie sich nicht wieder einbuddeln können.

Festes Riff in weichem Watt

Das Weichbodenwatt und die sandigen Flachwasserbereiche der Ostsee stecken zwar voller Leben, aber sie bieten vielen anderen Pflanzen und Tieren kaum geeignete Siedlungsmöglichkeiten. Das sind vor allem solche Arten, die auf festen, harten Untergrund angewiesen sind, auf dem sie sich anheften oder in dessen Ritzen und Höhlen sie sich verstecken können. Muschelbänke bilden dabei eine besondere Ausnahme.

Auf die blauschwarze Miesmuschel trifft man an unseren Küsten bei verschiedenen Gelegenheiten: Im Angespül finden sich mengenweise die hübschen Leerschalen mit den charakteristischen Zuwachsstreifen, auf der Menükarte erscheinen Muschelgerichte als kulinarische Verlockung, und im freien Watt sieht man sie gleichsam direkt in ihren Großstädten. Im Unterschied zu anderen Muschelarten führt die Miesmuschel ein recht ungewöhnliches Leben. Sie gräbt sich nicht in den sicheren Boden ein, sondern bevorzugt offene Liegeplätze. Auf Wattflächen bildet sie dichte Ansammlungen, die wie an Felsklippen oder Molen zu ausgedehnten Bänken anwachsen können. Muschelbänke sind ein eigener Lebensraum – sozusagen die Spezialform eines Riffs in der Gezeitenzone (biogenes Riff).

Strandschnecken auf einer Muschelbank

Riffbildung in Bauphasen

Ähnlich verhielt es sich früher mit der Europäischen Auster (*Ostrea edulis*). Diese Art ist aber in der Nordsee so gut wie ausgestorben. Ihre Stelle nimmt jetzt die Pazifische Felsenauster (*Crassostrea gigas*) ein, die sich aus Muschelkulturen in geschützten Buchten verselbständigt und heute auch im übrigen Watt fest etabliert hat. Sie bildet auf den weiten Wattflächen dichte Polster und kompakte Ansammlungen.

Am Beginn einer Miesmuschelbank kann eventuell nur eine einzige leere Molluskenschale stehen, an der sich die eine oder andere Jungmuschel anheftet. Miesmuscheln verfügen über eine einzigartige Klebetechnik. In einer speziellen Drüse im Fuß erzeugen sie ein Material aus Protein sowie Kohlenhydraten, Byssus genannt, und befestigen es mit der Fußspitze an geeigneter Stelle. Weitere hochelastische und bemerkenswert zugfähige Byssusfäden sichern die Muschel nun an ihrem gewählten Ankerplatz. Schon bald siedeln sich weitere meist mit der Strömung treibende Jungmuscheln auf der Gründergeneration an und bauen so zunächst kleine Miesmuschel-Nester auf. Neue Zuzügler erweitern diese zu girlandenartigen Strukturen. Allmählich entsteht auf diese Weise ein weitgespanntes Netz aus Muschelketten. Zum Schluss breiten sich die Muscheln flächig aus und siedeln schließlich sogar in mehreren Stockwerken. Die Siedlungsdichte kann jetzt 2000 Tiere/m^2 betragen. Entsprechend beginnt zwischen den einzelnen Tieren ein harter Konkurrenzkampf um frisches Atemwasser und organische Schwebepartikeln für die Ernährung.

Die Konstanz der Muschelfestungen ist andererseits ein idealer Siedlungsraum für Seepocken (S. 111). In dichten horizontalen Bändern siedeln sie sich gerne und erfolgreich auch auf Muschelschalen an, von denen sie sich nie wieder lösen. Im nordfriesischen Watt kommt der eigenartige Miesmuscheltang *(Fucus mytili)* hinzu, der nur auf Miesmuscheln residiert. Für den Ankerplatz revanchiert er sich bei den Muscheln mit Sonnen- und Austrocknungsschutz während des Trockenfallen. Seine flachen Blattbänder sind wiederum Lebensraum der Flachen Strandschnecke *(Littorina fabalis)*. Diese Schnecke ist nämlich spezialisiert auf ein Leben zwischen Tangen.

Miesmuscheln halten zusammen.

Die Gehäuse der Flachen Strandschnecke sind oft unterschiedlich gefärbt.

Konkurrenz aus Fernost

Seit den 1990er Jahren treten auch große Bänke der Pazifischen Felsenauster *(Crassostrea gigas)* auf. Diese zu Kulturzwecken eingeführte Art („Sylter Royal") mit ihren sehr harten und rund 15 cm (bis max. 30 cm) langen und ziemlich scharfkantigen Schalenklappen siedelt sich als Felsbewohnerin mit Vorliebe auf Miesmuschelbänken an und kann diese auch zeitweilig vollständig überwachsen. Felsenaustern haben eine andere Befestigungstechnik – sie zementieren sich auf der Unterlage fest. Um die Zukunft der Miesmuschel muss man sich vorerst allerdings keine großen Sorgen machen, denn die Oberflächen der sehr fest miteinander verbackenen Austernbänke laden ihrerseits die Miesmuscheln zur Ansiedlung ein (S. 111).

Tipps zum Mitmachen

Muschel(n) live im Konservenglas

- Lebende Miesmuschel in ein mit Meerwasser gefülltes Glas setzen; wenig später öffnen sich die Schalenklappen, und das Tier beginnt, Atemwasser einzustrudeln.
- Mit eingestreuter Hefe-Suspension lässt sich die Filteraktivität der Muschel(n) veranschaulichen: Das getrübte Wasser wird nach und nach wieder klar.
- Unter der Lupe die zarten, aber zugfesten Byssusfäden sowie deren Anheftungsstellen beobachten. Byssus ist ein in der Natur einzigartiger Vierkomponentenkleber.
- Bei längerer Beobachtungszeit spinnen sich die Muscheln auch an der Glaswand fest.
- Mit Hilfe der Byssusfäden können Miesmuscheln auch klettern, in dem sie die Fäden wieder lösen und an höherer Stelle neue befestigen.

Wie der Schnabel gewachsen ist

Für die brütenden, rastenden oder dort überwinternden Vögel sind die Wattgebiete besonders deshalb so attraktiv, weil sie das ganze Jahr über stetig Nahrung in unterschiedlicher Form, Zugänglichkeit und Qualität anbieten. Je nach Beschaffenheit ihres Schnabels können sich die verschiedenen Vogelarten diese Nahrungsressourcen erschließen.

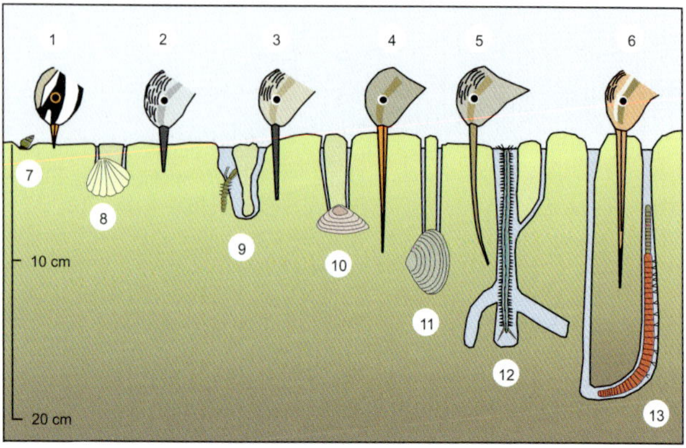

Schnabellängen einiger Watvögel im Vergleich zu ihrer Hauptnahrung im Wattboden: 1 Sandregenpfeifer, 2 Sanderling, 3 Knutt, 4 Rotschenkel, 5 Pfuhlschnepfe, 6 Großer Brachvogel, 7 Wattschnecke, 8 Herzmuschel, 9 Schlickkrebs, 10 Baltische Plattmuschel, 11 Große Pfeffermuschel, 12 Schillernder Seeringelwurm, 13 Wattwurm

Den Typ der Kurzschnäbel verkörpern die Ringel- und die Nonnengänse. Sie sind ausschließlich Pflanzenfresser und beweiden auf ihrer Frühjahrsroute zu den arktischen Brutgebieten die Salzwiesen und zunehmend auch bewirtschaftetes Weideland. Mit ihren kurzen kräftigen Schnäbeln beißen sie vor allem Salzpflanzen an, da sie mit ihnen bis zu 60% mehr Energie aufnehmen können als von den Pflanzen des gewöhnlichen Grünlandes der Köge und Groden.

Lange Beine, spitzes Mundwerk

Die weitaus meisten Watvogelarten ernähren sich jedoch (überwiegend) von den Kleintieren der Wattflächen oder Salzwiesen und teilen sich das

reiche Nahrungsangebot nach ihrer jeweiligen Schnabellänge auf: Alpenstrandläufer und Sandregenpfeifer suchen unmittelbar an der Wattoberfläche kleine Schnecken, Krebse und Würmer. Eine bemerkenswerte Strategie haben die Steinwälzer entwickelt: Sie schieben ihren leicht nach oben gebogenen Kurzschnabel unter Steine oder Muschelschalen und werfen diese herum, um darunter Verstecktes zu Tage zu fördern.
Die Langschnäbeligen wie Pfuhlschnepfen und Knutts stochern in den Boden und spüren in unterschiedlichen Etagen Würmer und Kleinkrebse auf. Am tiefsten aber dringen die Brachvögel mit ihrem extra langen und zugleich gebogenen Schnabel in den Boden hinein. Sie erreichen sogar die ca. 20 cm tief eingegrabenen Wattwürmer in ihrer tief liegenden Röhre.
Die langschnäbeligen Austernfischer stochern ebenfalls im Boden und wenden Steine. Allerdings erbeuten sie auch Herzmuscheln, die sie durch heftige Schnabelhiebe aufmeißeln. Erfahrene Alttiere jagen auch erwachsene Strandkrabben, die sie durch gezielte Stiche durch den Rückenpanzer töten und anschließend nach und nach aufbrechen.
Annähernd ein Viertel der wirbellosen Kleintiere im Wattboden nimmt so den Weg durch die Schnäbel der Wat- und Seevögel an der Küste.

Austernfischer mit erbeuteter Muschel

Stochernde Watvögel wie die langschnäblige Uferschnepfe finden ihre Nahrung auch im tieferen Wattboden.

Tipps zum Mitmachen

Den Vögeln aufs Maul schauen

- Mit einem Fernglas (oder noch besser mit einem Spektiv) lassen sich die Wat- und Wattvögel sehr gut bei der Nahrungsaufnahme auf den freigefallenen Wattflächen beobachten.
- Wenn man sich an einer geschützten Stelle bei auflaufendem Wasser installiert, kommen die Vogelscharen mit der steigenden Flut immer näher.
- Bei Wattwanderungen auf Pickspuren im Wattboden oder auf Trampelkuhlen von Enten achten.

Tankstelle für den Durchzug

See- und Watvögel gehören zur Szenerie der Küste wie die Singvögel im Garten oder Stadtpark. Mit den Vogelzahlen des Wattenmeeres kann allerdings kein Lebensraum des Binnenlandes mithalten. Während der Brutzeit halten sich im Watt zwischen der niederländischen Insel Texel und dem dänischen Fanø rund 500 000 Vögel aus etwa zwei Dutzend verschiedenen Arten auf. Zur Zeit des Durchzugs schwillt die Zahl der Arten und Durchzügler sogar auf ein Vielfaches an. Das Wattenmeer wird zur zentralen Rast- und Durchgangsstation auf dem Weg zwischen Winter- und Sommerquartieren.

Auffliegender Schwarm von Alpenstrandläufern

Da sich die Gezeitenzone als Brutplatz nicht eignet, suchen sich die Vögel hochwassersichere Nistplätze aus. Von den etwa zwei Dutzend Brutvogelarten der Wattenmeerküste nutzen die meisten Arten die verschiedenen Salzwiesentypen für die Jungenaufzucht, darunter beispielsweise Austernfischer, Säbelschnäbler, Alpenstrandläufer, Rotschenkel und Uferschnepfe. Fluss- und Küstenseeschwalbe bevorzugen die höheren Bereiche der Salzwiesen, während Sand- und Seeregenpfeifer sowie Zwerg- und Brandseeschwalbe auf Sandinseln oder Sandstränden brüten. Austernfischer weichen zur Not auch auf das Kulturland der Köge bzw. Polder aus.

Treffpunkt der Fernreisenden

Besonders während der Zugzeiten treffen die ziehenden Arten gleich wolkenweise auf ihrem Weg zwischen den hochnordischen Brutgebieten und den südlichen Überwinterungsquartieren ein – im Frühjahr ziemlich geballt innerhalb weniger Wochen, im Herbst eher verteilt zwischen September und Dezember. Rund 100 durchziehende Arten halten sich dann gleichzeitig in den Wattgebieten auf. Die hier versammelten Vögel rekrutieren sich praktisch aus der gesamten nördlichen Hemisphäre. Entlang der europäischen Atlantikküste und der

Brandenten-Gelege im Höhlenversteck

Austernfischer-Küken – bestens getarnt

westafrikanischen Küste ziehen sie in ihre Winterquartiere bis nach Südafrika – soweit sie in milden Wintern nicht überhaupt in den Wattengebieten an der Nordsee verbleiben.

Mauser zwischen Rast und Reise

Während die im hohen Norden brütenden Gänse schon mit neuem Federkleid eintreffen, nutzen andere Arten den Aufenthalt im Watt zur Mauser. Knutts beginnen mit der Erneuerung ihres Kleingefieders noch im nordischen Brutgebiet und erledigen den Rest während der Rast an der Nordseeküste. Alpenstrandläufer und Kiebitzregenpfeifer beginnen mit dem Gefiederwechsel erst nach der Ankunft im Watt und führen sie im südlichen Winterquartier zu Ende.
Insgesamt suchen während eines Jahres bis zu 10 Mio. Wat- und Seevögel das Wattenmeer zum Brüten, Mausern, Rasten und vor allem zur Nahrungsaufnahme auf. Die Wattengebiete der Nordsee gehören damit zu den vogelreichsten Gebieten der Erde und müssen daher auch besonders konsequent geschützt werden.

Tipps zum Mitmachen

Vögel im Wattenmeer beobachten

- Die Vogelbeobachtung am Meer gehört sicher zu den schönsten Ferienbeschäftigungen. Da viele neue und sicher auch unbekannte Arten zu erwarten sind, ist neben einem guten Fernglas immer auch ein Bestimmungsbuch unerlässlich.
- In den Nationalparks bestehen Betretungsverbote für die Schutzzonen und Brutgebiete (Zone I).
- Von Vogelansammlungen immer mindestens 300 m Abstand halten, um die Tiere nicht unnötig zu stören!
- Grundsätzlich nicht in die Hochwasserruheplätze wie z.B. Salzwiesen eindringen!
- Geführte Wanderungen durch geschulte Vogelwärter mitmachen.
- Auf dem Deich bei auflaufendem Wasser Beobachtungsposten beziehen und ruhig verhalten – die Nahrung suchenden Wattvögel kommen dann mit der Wasserlinie immer näher.

Seehunde und Kegelrobben

Mit ihren großen dunklen Augen und dem runden platt gedrückten Gesicht sehen sie aus wie Kuscheltiere und bedienen perfekt das berühmte Kindchenschema. Aber nicht nur deshalb zählen die Seehunde zu den unangefochten Sympathieträgern unserer Küsten. Als sie noch bis in die 1970er Jahre hinein gejagt wurden, waren sie selten und scheu. Heute haben sich ihre Bestände besonders in der Nordsee und im Wattenmeer erfreulich erholt. Mittlerweile nähern sie sich – mit Ausnahme der den Nachwuchs führenden Muttertiere – sogar neugierig den Badestränden und Ausflugsschiffen.
Aus der Nähe kann man dann beobachten, wie geschickt und wendig sich die Robben im Wasser bewegen. Auf der Jagd nach Beute erreichen sie spielend Geschwindigkeiten von 35 km/h, und die Gegenströmungen der Gezeiten können ihnen nichts anhaben. Sie spielen mit ihnen.

Auf dem faulen Fell liegen: Gemischte Seehund- und Kegelrobbenkolonie am Strand der Helgoländer Düne.

Wiedereinsteiger

Dass ihre Vorfahren noch an Land lebten, sieht man den Seehunden und ihren Verwandten kaum noch an. Ihr Körper gleicht einem Torpedo, und ihre Gliedmaßen sind zu paddelförmigen Schwimm- und Lenkfüßen umgestaltet. Aber ihren Nachwuchs bringen alle Robben immer noch an Land zur Welt. Die flachen Sandküsten der europäischen Atlantikküsten bilden neben den flachen Felsküsten eine ideale Setz- und Kinderstube für Seehunde. Den Winter verbringen die Seehunde auf offener See und fressen sich dort durch erfolgreiche Jagd nach Bodenfischen eine dicke Fettschicht an. Wenn sie im Frühling an die Küsten zurück kehren, bringen sie ihren Nachwuchs zur Welt.

Vorsicht ist besser: Ein Seehund beobachtet neugierig das Treiben am Strand.

… und zurück ans Land

Eine besondere Bedeutung hat für die Seehunde dabei das Wattenmeer. Auf den flachen unzugänglichen Sandbänken fühlen sich die an Land so unbeholfenen Tiere sicher. Dort bringen die Weibchen zwischen Mai und Juli ein einziges Jungtier zur Welt. Junge Seehunde tragen schon bei der Geburt ein kurzhaariges Fell und können schon kurz nach der Geburt schwimmen. Die notwendige Isolierung übernimmt eine zunehmend dicke Speckschicht, den sich die Jungen nur durch die sehr fettreiche Milch des Muttertieres aneignen können. Sie werden nur während der Niedrigwasserzeit an Land gesäugt.

Heulendes Elend?

Die Milchproduktion kann das Muttertier nicht nur durch den Abbau des eigenen Fettpolsters gewährleisten. Es muss daher regelmäßig für mehrere Tage weit hinaus auf See, um die Reserven aufzufüllen. Zuvor aber wird der Nachwuchs an einer strömungsberuhigten Stelle auf Sandbänken und an Inselrändern abgesetzt. Die Kleinen versuchen durch laute jaulende Rufe („Heulen") Kontakt mit der Mutter aufzunehmen, um von ihr versorgt zu werden. Dieses Verhalten wurde lange Zeit so verstanden, als habe das Muttertier das Jungtier verlassen, doch heute wissen wir, dass sie ihre Jungen während der Nahrungssuche viel länger sich selbst überlassen, als man immer angenommen hatte.

Neugeborene Kegelrobbe mit flauschigem Lanugo-Fell.

Sommerliche Strapazen

Für die Robbenmütter ist der Sommer eine Zeit voller Aktivitäten. Sie ziehen dann nicht nur ihre Jungen auf, sondern wechseln gleichzeitig dazu auch noch das Fell. Nicht umsonst sonnen sich die Seehunde deshalb auf frei fallenden Sandbänken. Sie brauchen die UV-Strahlung dringend, um in ihrer Haut Vitamine aufzubauen. Etwa von der letzten Juli- bis in die erste Septemberwoche findet dann auch noch die Paarung (im Wasser) statt. Ab Mitte September sind die Weibchen dann wieder trächtig, doch schon nach wenigen Tagen wird die Entwicklung der Embryonen bis etwa Dezember zunächst gestoppt. Sie setzt erst wieder im Winter ein, damit die Geburt der Kleinen in die günstigen Sommermonate fallen kann.

Die Rückkehr der Kegelrobben

In den letzten 30 Jahren sind die seit dem 15. Jahrhundert im Wattenmeer ausgerotteten Kegelrobben wieder zurückgekehrt. Der Bestand der imposanten Robben konzentriert sich in Deutschland auf wenige Plätze, beispielsweise rund um den Jungnamensand zwischen Sylt und Amrum oder die Insel Helgoland. Dazu sind auch versprengte Vorkommen aus der Ostsee bekannt, z.B. in den Boddengewässern des Darß. Anders als die Seehunde bringen die Kegelrobben ihren Nachwuchs bereits im Winter ab November auf möglichst abgelegenen Sandbänken und Strandabschnitten zur Welt. Zuweilen werden die Jungen nach starken Stürmen auch an stärker frequentierte Küstenabschnitte verdriftet. Im ersten Monat tragen sie noch ein flauschig samtiges cremefarbenes Fell („Lanugo"), mit dem sie noch nicht schwimmen können.

Kegelrobben erkennen ihren Nachwuchs auch durch Beschnuppern am Geruch.

Tabelle 3: Seehund und Kegelrobbe im Vergleich

Merkmal	Seehund	Kegelrobbe
Länge	Männchen 2 m Weibchen 1,7 m Neugeborene 0,6–1 m	Männchen 2,3 m Weibchen 2 m Neugeborene 0,9–1,1 m
Gewicht	Männchen 70–150 kg Weibchen 60–110 kg Neugeborene 8–12 kg	Männchen 170–310 kg Weibchen 105–185 kg Neugeborene 11–20 kg
max. Alter	ca. 40 Jahre	ca. 30 Jahre
Tauchtiefe	200 Meter	über 300 Meter
Tauchdauer	30 Minuten	20 Minuten
Bestand	ca. 400.000 Tiere	120–135.000 Tiere
Atlantische Verbreitung	Nordatlantik bis nach Portugal; an Sand- und Felsenküsten; auch auf dem Eis.	Nordatlantik bis in die Arktis, isolierter Bestand in der Ostsee; an Sand- und Felsküsten
Unterscheidungsmerkmale	v-förmig stehende Nasenlöcher rundlicher Schädel mit kurzer Schnauze	parallel senkrecht stehende Nasenlöcher kegelförmiger Schädel mit langer Schnauze

Robben in der Ostsee

Seit ihrer Besiedlung des Ostseeraumes haben die Menschen auch die Robbenarten der Ostsee bejagt und als Rohstoff genutzt. Robbenprodukte wurden vor allem in Finnland und Schweden genutzt. In der Zeitspanne 1300–1800 n. Chr. war die Ostsee in Europa der wichtigste Produzent für Robbenöl. Das Öl verwendete man für die Herstellung von Leder, Seife und Farbe. In Deutschland erlangten Robben keine große wirtschaftliche Bedeutung. Lediglich Öl und Fleisch wurden in Kriegszeiten aus Gründen der allgemeinen Lebensmittel- und Rohstoffknappheit verwendet.

Waren es zu Beginn des 20. Jh. noch geschätzte 100000 Kegelrobben in der Ostsee, so wurden diese durch intensive Bejagung und hohe Belastung durch Schadstoffe innerhalb weniger Jahrzehnte drastisch reduziert. Bis zum Ende der 1970er Jahre war der Bestand der Kegelrobben auf weniger als 4000 Tiere gesunken. Ähnlich verhielt es sich mit den Populationszahlen für die Ringelrobbe, die nur in der nördlichen Ostsee beheimatet ist: Von ursprünglich ca. 200000 Tieren blieben innerhalb kürzester Zeit nur annähernd 5000 übrig.

Erfolg von Arten- und Umweltschutz

Erst durch das endgültige Jagdverbot und die Unterschutzstellung der Robben sowie das Verbot zur unkontrollierten Einleitung zahlreicher Schad- und Giftstoffe in die Ostsee erholten sich besonders die Bestände der Kegelrobbe. Zunächst haben sie sich an bevorzugten Felsküsten im Norden (Bottnischer und Finnischer Meerbusen, Gotland, Estland) mit regelmäßigen Vereisungen wieder etabliert. Auf der Suche nach neuen Nahrungsrevieren und Wurfplätzen durchqueren sie die Ostsee und dringen bis an die sandigen Küsten der südlichen Ostsee vor. Hier waren sie auch vor der Ausrottung um 1900 zu Hause, wie aus den Namen „Saalufer“ (Klein Zicker) Saalsteine zu erkennen ist: So werden Findlinge in Boddengewässern und an der Außenküste genannt, die den Seehunden früher als Rastplätze gedient haben. Die bekanntesten Steine liegen vor Breege im Jasmunder Bodden, im Wieker Bodden und vor Mönchgut.

Tipps zum Mitmachen

Robben kompetent beobachten

- Der beste Ort in Deutschland, wo man Seehunde und Kegelrobben – auch gemeinsam – aus nächster Nähe in freier Natur beobachten kann, ist die Helgoländer Düne. Dort liegen das ganze Jahr über beide Robbenarten zur Ruhezeit am unteren Strand.
- Ab November bringen die Kegelrobben auf der Düne auch ihre Jungen zur Welt. Dann lohnt sich eine fachkundig geführte Wanderung, um möglichst viel über den Nachwuchs und seine Schutzbedürftigkeit aus nächster Nähe zu erfahren.
- Zur Setzzeit die betreffenden Strandbereiche nicht aufsuchen.
- Von vielen Küstenorten aus bieten von den Nationalparks zertifizierte Unternehmen Bootsfahrten zu den Seehundbänken an.

Die Aliens sind unter uns

Aus unserem und des Nachbarn Garten kennen wir das schon, als sei es selbstverständlich: Überall wachsen Exoten aus aller Welt, soweit sie unser mitteleuropäisches Klima ertragen. Ohne dass es bemerkt wurde, hat sich Ähnliches über Jahrhunderte auch an unseren Küsten entwickelt. Immer wieder erscheinen Neuankömmlinge, die ozeanweite Entfernungen zurück gelegt haben und nun bei uns heimisch wurden.

Die ständigen Veränderungen unserer Küstenlandschaften in den letzten Jahrtausenden haben zudem immer wieder neue ökologische Nischen eröffnet für spontane Einwanderer und verschleppte Ankömmlinge. Viele dieser Exoten werden längst als heimisch angesehen.
Viele Neubürger unserer Küsten bilden bei ihrer Fortpflanzung langlebige und im Meerwasser treibende Larven, die sich über Hunderte von Kilometern verdriften lassen. Andere heften sich an festes und langlebiges Treibgut. Für einen Sprung über den großen Teich von Amerika oder sogar Südostasien nach Europa reicht das aber noch lange nicht. Dafür bedurfte es schon eines unfreiwillig beschleunigten Huckepackverfahrens.

Aufsässig über den Ozean

Als Beförderer dienten ihnen die großen schnellen Transport- und Passagierschiffe, die zur Stabilisierung mit Meerwasser gefüllte Ballasttanks nutzen. Mit ihnen gelangten die blinden Passagiere unverhältnismäßig rasch an weit entlegene Küsten. Wo die äußeren Lebensumstände wie Salzgehalt, Wasser- und Lufttemperaturen erträglich erschienen und keine zu große Konkurrenz durch heimische Arten drohte, konnten sie sich schnell, dauerhaft und manchmal sogar explosionsartig etablieren.
Als Beispiel für eine Art, deren Larven über Tausende von Kilometern transportiert wurden, ist die ursprünglich in China beheimatete Wollhandkrabbe zu nennen. Sie wurde zu Beginn des 20. Jahrhunderts wahrscheinlich aus dem damaligen deutschen Kolonialgebiet Kiatschou eingeschleppt. Heute ist sie an der Nordseeküste und deren Zuflüssen weit verbreitet. Zuweilen wurde sie sogar zur Plage für die Fischer, weil sie in den Netzen gefangene Fische frisst und Netze zerreißt.
Auf ähnliche Weise gelangte wohl auch die erstmals um 1978 im Wattenmeer nachgewiesene Amerikanische Schwertmuschel über die viel befahrene Nordatlantik-Route zu uns. Vom Elbemündungsbereich hat sich die Art nach Norden bis zum Kattegat, aber auch nach Westen bis nach Frankreich sehr schnell ausgebreitet. Die Amerikanische Schwert-

muschel bildet im Wattenmeer konkurrenzlos riesige Bestände. Nach kalten Wintern wird sie zuweilen in riesigen Mengen angespült.

Eine Muschel für die Geschichtsschreibung

Auch die Sandklaffmuschel, unsere größte heimische Meeresmuschel, kam erst aus Nordamerika zurück nach Nordeuropa, nachdem sie 1,5 Millionen Jahre zuvor mit den Eiszeiten verschwunden war. Ihre Wiederankunft kurz nach der ersten Jahrtausendwende fällt mit der Entdeckung Grönlands durch die Wikinger zusammen. Möglicherweise wurde sie als Jungtier mit Byssusfäden an den Wikingerschiffe außen festgeheftet über den Atlantik verschleppt, oder die Nordmänner haben sie auch als Proviant mitgenommen und ihre Restbestände bei ihrer Rückkehr einfach über Bord geworfen. Heute gehört die Sandklaffmuschel überall an unseren heimischen Küsten zu den häufigsten Muscheln der Flachwasserbereiche. So führt die Ostsee nach ihrer größten Muschel die Bezeichnung „Mya-Meer". Anders als bei den Wikingern blieb ihr – obwohl nach den beiden Weltkriegen weithin als „Strandauster" gepriesen – eine kulinarische Karriere allerdings verwehrt. Sie schmeckt nämlich sehr tranig.

Die Austral-Seepocke *Elminius modestus* kam als „Blinder Passagier" mit der Schifffahrt nach Europa.

Neubürger aus der Neuen Welt. Amerikanische Schwertmuschel *Ensis directus*

Einmal um die halbe Welt

Zu den besonders weit gereisten Exoten unserer heimischen Unterwasserwelt gehört die Australische Seepocke. Die ersten europäischen Exemplare entdeckte man 1945 in Südengland. Bereits 1953 hatten sie auch das Wattenmeer erreicht. Die Seepocken kamen wohl nicht im Ballastwasser über zwei Weltmeere zu uns, sondern festgeheftet auf der Außenhaut von Schiffsrümpfen. Nachdem sie in Europa angekommen waren, breiteten sie sich durch Verdriftung während des Larvenstadiums weiter aus. Heute ist diese Art so häufig, dass sie in der Gezeitenzone an Felsen, Mauern und Buhnen in Konkurrenz zu der heimischen Seepocke tritt. Allerdings übersteht sie keinen dauerhaften Frost.

Kulinarischer Zuzug

Eine besondere Geschichte ist die der Pazifischen Auster. Nachdem die empfindlichen Kulturen der Europäischen Austern – gebeutelt von Parasiten und Meeresverschmutzung – immer weiter zurück gingen und zugleich hoffnungslos überfischt wurden, begann man 1965 zunächst in Frankreich und seit 1971 auch im deutschen Wattenmeer, die widerstandsfähigere Pazifische Auster zu züchten. Die „Sylter Royal" hat sich in den letzten Jahren von Sylt südwärts bis nach Ostfriesland ausgebreitet.

… und es geht weiter!

An unseren Küsten ist nichts so stetig wie der Wandel. Die Einwanderung und Verschleppung von Exoten an den deutschen Küsten hält an. Mit weiter wachsendem Schiffsverkehraufkommen und immer schnelleren Schiffen wird der Weg für Neuankömmlinge immer kürzer. Die dauerhaften Auswirkungen der Neubürger auf die heimischen Lebensgemeinschaften lassen sich noch gar nicht absehen, aber bislang haben sie sie ganz überwiegend bereichert.

Miesmuscheln mit Pazifikaustern („Sylter Royal") sind Raumkonkurrenten.

Die Wichtigsten der Reihe nach

Wattdiatomeen (Kieselalgen)
Mikroskopisch kleine braune Algen, Vertreter zahlreicher Gattungen und Arten, bilden auf der Wattoberfläche dichte, goldbraune Rasen mit > 1 Mio. Zellen/cm^2.

Meersalat *Ulva lactuca*
Kräftig grün, ziemlich formenreich etwa 10–80 cm lang bzw. breit, flach, häutig, folienähnlich meist lappig gegliedert, Atlantik, Nordsee, westliche Ostsee.

Wurmblättrige Wattenalge *Gracilaria vermiculophylla*
Rotalge, bis 1 m lang, leicht schleimig. Ursprünglich nur in Japan, 1996 nach Frankreich verschleppt, seit 2003 in der Nordsee, seit 2005 auch in der Ostsee (Rügen).

Miesmuscheltang *Fucus mytili*
Braunalge, 15–40 cm lang, immer ohne Schwimmblasen, glattrandig, mit Byssusfäden auf Muscheln befestigt. Nur auf Miesmuschelbänken des friesischen Wattenmeeres.

Echtes Seegras
Zostera marina

30–50 (100) cm lang, grasartige, flutende Blätter, extrem unscheinbare Blüten; Blütezeit 6–10. Schlicksandböden von der Niedrigwasserlinie bis in etwa 10 m Wassertiefe.

Zwerg-Seegras *Zostera noltii*

20–40 cm lang, grasartige, flutende Blätter; Blütezeit 6–7. Schlickwatten im Flachwasserbereich bis etwa 1 m Wassertiefe

Wattwurm, Pierwurm *Arenicola marina*
Kräftiger, in der Nordsee bis 20 cm langer, dunkelroter Vielborster. Lebt in U-förmiger Röhre in 10–15 cm Tiefe im Sediment. Auf dem Wattboden an Kothäufchen erkennbar.

Schillernder Seeringelwurm
Nereis (Hediste) diversicolor
Ähnlich einem Tausendfüßer, bis 12 cm langer Wurm, rot und grün gefärbt, auf dem Rücken ein pulsierendes Blutgefäß. Allesfresser. Lebt in Röhre, häufig auch schwimmend anzutreffen.

Kotpillenwurm, *Heteromastus filiformis*
Bis 20 cm langer, dehnbarer Körper, rot. Ernährt sich von organischen Inhaltsstoffen im Sand, scheidet Ungenießbares in pillenähnlichen Kugeln aus.

Opalwurm *Nephtys hombergii*
Bis 20 cm; Körper gestreckt, im Querschnitt quadratisch; bis zu 200 Segmente, jedes mit zwei Stummelfüßen; jagt im Boden Würmer und kleine Mollusken.

Baltische Plattmuschel *Macoma balthica*
Bis 23 mm, rötlich, lebt im Sand vergraben. Sucht den Meeresboden nach Nahrung mit einem der beiden Siphonen ab. Nicht standorttreu.

Sandklaffmuschel, *Mya arenaria*
Bis 14 cm, in der Ostsee selten größer 10 cm. Matt weißlich. Lebt bis in 30 cm Tiefe im Sediment. Standorttreu. Langer, kräftiger Sipho.

Lagunen-Herzmuschel, *Cerastoderma glaucum*
Bis 27 mm Länge, lebt kurz unter der Sandoberfläche, nicht standorttreu. Weiß, Jungtiere stellenweise dunkelbraun.

Große Pfeffermuschel *Scrobicularia plana*
Bis 6 cm. Schalenklappen flach, und zerbrechlich; lebt ca. 15 cm tief eingegraben in einer mit Wasser gefüllten Höhle. Massenhaft im Schlick des Wattenmeeres, Ostsee bis Åland-Inseln.

Gewöhnliche Wattschnecke ***Hydrobia ulvae***
Bis 8 mm hohe Schale mit 7 flachen Umgängen, hornfarben. Zeitweise massenhaft (50000–100000 Tiere/m²). Fressen Kieselalgen und Detritus.

Schlickkrebs ***Corophium volutator***
Bis 9 mm lang, grau mit braunen Punkten. 2. Antennenpaar kräftig, sammelt damit Nahrung von der Bodenoberfläche. U-förmige Röhre. Häufigste Krebsart der Watten. Ostsee bis Åland-Inseln.

Sandgarnele, Granat, Porre ***Crangon crangon***
Bis 8 cm; langer gestreckter Körper mit 8 dünnen Laufbeinen und 4 langen Antennen, werden von „Krabben"-Fischern kommerziell gefischt.

Strandkrabbe ***Carcinus maenas***
Rückenpanzer fünfeckig, gezackt, bis 8 cm breit; zwei ungleich große Scheren und 8 Laufbeine; läuft seitwärts, gräbt sich bei Niedrigwasser ein. Ostsee bis Hiddensee.

Säbelschnäbler *Recurvirostra avosetta*
Bis 43 cm; auffällig schwarz-weiß, sehr langer, nach oben gebogener Schnabel, seiht damit flach an der Wasseroberfläche Würmer, Kleinschnecken und Kleinkrebse ein.

Pfuhlschnepfe *Limosa lapponica*
Bis 38 cm; mit langem leicht aufwärts gebogenem Schnabel; bildet auf dem Durchzug Trupps oder auch größere Schwärme im Wattenmeer.

Knutt *Calidris canutus*
Kräftiger, gedrungener Strandläufer (bis 2, cm) mit spitzem Schnabel, tritt auf dem Zug in riesigen Schwärmen auf, die am Himmel ständig ihre Form und Farbe ändern.

Brandente, Brand„gans" *Tadorna tadorna*
Bis 61 cm; Gefieder kontrastreich; roter Schnabel mit Höcker; brütet in Höhlen oder tiefen Mulden an der Küste, gründelt im Wattboden nach kleinen Wirbellosen.

Vom Watt zur Salzmarsch

Wiesen zwischen Meer und Marsch

Jedes Jahr im Winter unternehmen die Streudienste den Versuch, die Gehölze am Straßenrand einzupökeln. Bäume und Büsche überstehen solche Attacken mit der Salzschaufel erfahrungsgemäß nur schlecht bis gar nicht. Streusalz, chemisch im Wesentlichen Kochsalz mit Beimengungen, ist nämlich für die meisten Pflanzen ein starkes Gift. An der Meeresküste, die sonst eher eine Domäne von Algen und Tangen ist, finden sich jedoch stellenweise auf den salzigen Schlickböden bemerkenswert üppige Wiesen …

Blühende Strandnelkenwiese auf der Ostseeinsel Langenwerder.

Und noch erstaunlicher: Die Strand- oder Salzwiesen werden von jeder Flut erreicht und stehen zur Springtidenzeit sogar vollends unter Meerwasser. Die hier siedelnden Pflanzen überstehen solche Eingriffe in ihren Lebensraum offenbar schadlos. Solche Öko-Spezialisten nennt man Salzpflanzen oder Halophyten. Zu den üblichen Landpflanzen müssen sie feine, aber folgenreiche Unterschiede aufweisen.

Ein ganz spezieller Lebensraum

Bei den Salzwiesen unterscheidet man verschiedene Typen: Sandsalzwiesen entwickeln sich im Schutz von Strandwällen, von Sandbänken oder im Lee von großen Düneninseln. Ästuarsalzwiesen erstrecken sich dagegen im Bereich von Flussmündungen auf tidebeeinflussten Schwemmfächern mit Feinsedimenten, die sich entlang der Gleitufer hinter Flussbiegungen oder anderen Strömungsschattenbereichen abgesetzt haben. Diesen Salzwiesentyp findet man im Bereich der Nordseeküste nur an wenigen Stellen, beispielsweise an der Tideelbe oder in Resten an der eingedeichten Eidermündung. Vorlandsalzwiesen nehmen heute den größten Teil der Salzwiesenstandorte an der Nordseeküste ein. Sie liegen im Deichvorland und gehen überwiegend auf technisch gestützte Sedimentation und Landgewinnung vor der Deichlinie zurück (S. 120).

Verzahnt und zoniert

Die vom Meer nachhaltig geprägte, aber vom Festland ausgehende Vegetation auf den sandig-tonigen Weichböden am Wattrand tritt abhängig von Tidenniveau und Küstenexposition gewöhnlich in gürtelartig angeordneten Zonen bzw. Pflanzengesellschaften auf, die sich nicht immer linienscharf voneinander abgrenzen. Die auf salzimprägnierten Böden wachsende Halophytenvegetation umfasst (auch) an der Nordsee ausschließlich bedecktsamige Blütenpflanzen, die sich jeweils von terrestrischen Verwandtschaftsgruppen ableiten. Moos- und Farnpflanzen fehlen in diesem Bereich ebenso wie Nacktsamer.
Der am weitesten seewärts vorgeschobene Blütenpflanzengürtel besteht aus den Seegraswiesen. Sie sind eine typische Einart-Gesellschaft, entfalten allerdings eine enorme ökologische Bedeutung für eine Vielzahl mariner Tierarten, beispielsweise für die Jugendstadien vieler Nutzfischarten.

Pioniere vorneweg

Pioniergesellschaft im Verlandungsbereich des Watts ist die Quellergesellschaft mit dem überaus formenreichen Queller, die mit ihren sommerannuellen Fluren zwischen MTnw und MThw (S. 38) in landwärts zunehmend dichteren Beständen die niedrige Salzmarsch bildet. Kräftige, stark verzweigte Exemplare mit steil aufwärts gerichteten Seitenzweigen gehören meist zur Form(engruppe) Langähren- oder

Schlickwatt-Queller mit 4 Chromosomensätzen. Weniger ästige und oft bodenanliegend wachsende Gestalten mit rechtwinklig abstehenden Zweigen zählt man zum normal diploiden Kurzähren- oder Sandwatt-Queller. Vor allem diese Form entwickelt zwischen Spätsommer und Herbst eine intensive Rotfärbung durch Betalaine – die gleichen Farbstoffe wie in der Roten Bete. Jährlich gehen rund 700–500 Überflutungen über die Quellerfluren hinweg. Im Niveau der Quellerfluren siedelt in horstartigen bis rasenförmig dichten Bestände auch die Einartgesellschaft des Schlickgrases.

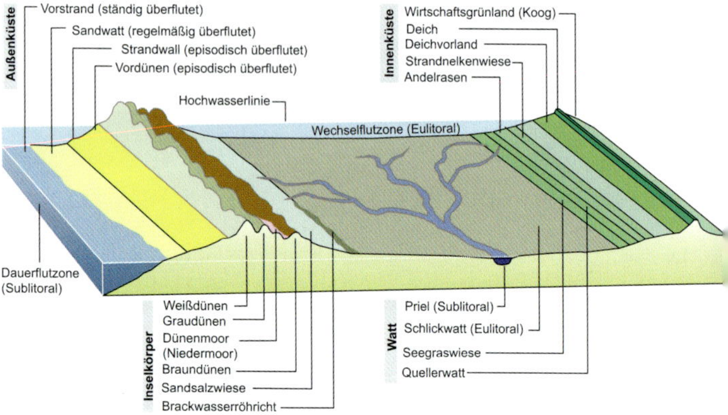

Lebensräume in Serie: Vom Sandwatt bis zum Deich

Vom Watt zur Wiese

Wenn sich der Wattboden durch Anschlickung im eulitoralen Quellerwatt bis etwa zur MThw-Linie aufgehöht hat, beginnt der Bereich der hohen Salzmarsch und damit die eigentliche Salzwiese. Hier tritt – im Allgemeinen mit deutlicher Grenze gegen das Quellerwatt – der in dichten Rasen mit langen Ausläufern wachsende Strand-Salzschwaden auf, ein wertvolles Futtergras. Er bildet die bereits dem Supralitoral angehörende untere Salzwiese (Wattwiese). Diese Zone wird jährlich höhenabhängig nur noch von 250–70 Überflutungen erfasst. Somit erfährt sie im Jahresdurchschnitt Flutwasserstände allenfalls zu etwa 15% der Zeitdauer, wie sie noch für das Quellerwatt kennzeichnend sind. Die Palette der Blütenpflanzen wird mit Strand-Dreizack, Strand-Milchkraut und Salz-Schuppenmiere bereits artenreicher und auch blumiger.

Mini-Mangrove am Prielrand

Während sich auf den stärker schlickigen Grabensohlen die imposante Hochstaudenflur der Salz-Aster ausbreitet, finden sich an den Rändern von Prielen oder Flutmulden die Bestände der Strand-Salzmelde – das einzige halophile Holzgewächs im Vorlandbereich. Es vertritt hier eine Pflanzenformation, die an tropischen Küsten die ausgedehnten Mangrovegürtel bildet. An den höheren Priel- und Grabenrändern schließt sich die aromatisch duftende Strandbeifuß-Gesellschaft an.
Noch weiter landeinwärts löst die obere Salzwiese diese Bestände ab und tritt nun in noch weiter angereichertem Gewand mit Strandnelke und Strandflieder auf. Deren Standorte erreichen nur noch 70–35 Überflutungen im Jahr. Nach einem hier ebenfalls vorkommenden salztoleranten Süßgras bezeichnet man die obere Salzwiese auch als Rotschwingelzone. Sie leitet zum Dauergrünland der den Deichfuß bildenden Wiesen über, die man auch Außengroden nennt. Hier ereignen sich bei außergewöhnlichen Flutwasserständen (Springfluten) nur noch etwa 10 Überflutungen im Jahr.

Prielrand mit Halbstrauch-Gebüsch aus Strand-Salzmelde

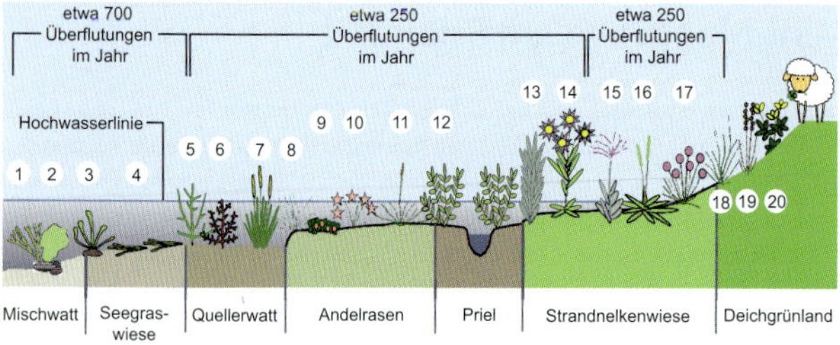

Gliederung und Leitarten einer Außendeich-Salzwiese: 1 Blasentang, 2 Meersalat, 3 Darmtang, 4 Zwerg-Seegras, 5 Queller, 6 Strand-Sode, 7 Schlickgras, 8 Andel, 9 Strand-Milchkraut, 10 Salz-Schuppenmiere, 11 Strand-Dreizack, 12 Strand-Salzmelde, 13 Strand-Wermut, 14 Salz-Aster, 15 Halligflieder, 16 Strand-Wegerich, 17 Strandnelke, 18 Rot-Schwingel, 19 Botten-Binse, 20 Wiesen-Hornklee

Natur- vs. Kulturwiese

Auch in der Naturlandschaft kommen Wiesen vor, nur nennt man sie nicht so, sondern eher Steppen oder Prärien. Unter den heutigen klimatischen Bedingungen können sich in Mitteleuropa allerdings keine Wiesen entwickeln – sie sind daher ausschließlich nutzungsbedingt entstanden und meist nicht einmal 1000 Jahre alt. Vorher hatte der Mensch nämlich gar nicht die technischen Mittel, auf größeren Flächen das gesamte krautige Pflanzengut abzuräumen. Wiesen sind Grünlandflächen, die ausschließlich der Ernte von Heu oder Stalleinstreu dienen. Entsprechend unterscheidet man Futter- und Streuwiesen.
Die Salzwiesen an der Küste sind dagegen natürliche Wiesen, weil sie von Natur aus gehölzfrei bleiben. Erst unterhalb der grasgrünen Deichkronen verläuft eine bemerkenswerte Trennlinie: Exakt hier liegt nämlich der Saum zwischen Natur- und wirtschaftsbedingtem Kulturland.

Tipps zum Mitmachen

Der Natur nicht zu nahe treten

- Salzwiesen sind nicht nur blumig bunt, sondern auch wertvolle Brut- und Rastgebiete. Unter anderem hier liegen die Hochwassereinstandsplätze vieler Wat(t)vögel. Daher nicht einfach queren, sondern lenkende Wege nutzen.
- Auch vom Weg aus lassen sich die verschiedenen Salzwiesen-Zonen sehr gut unterscheiden. Lernen Sie die wichtigsten Leitarten mit einem Bestimmungsbuch kennen.
- Vielerorts sind die Salzwiesen im Deichvorland total „belämmert“, weil sie beweidet werden. Respektieren Sie etwaige Weidezäune und die Weidetiere.

Leben mit dem Salz des Meeres

Jeder Flutwasserstand imprägniert den Boden am Standort der Salzpflanzen (Halophyten) mit gelösten Ionen. Wasserverdunstung während der Ebbezeit kann den Salzgehalt sogar noch stark erhöhen. Die Wurzeln der im meerwassergesättigten Salzboden wachsenden Pflanzen müssen daher ein erhebliches Saugvermögen (Wasserpotenzial) entwickeln, um kein Wasser an die Umgebung zu verlieren, denn dieses wunderbare Lösemittel kann von selbst immer nur von der niedrigeren zur höheren Konzentration fließen.

Man spricht zwar vom Salzgehalt der Meere, aber tatsächlich liegen im Meerwasser die gelösten Salze immer als geladene Teilchen (Ionen) vor, im Fall der wichtigsten Komponente Natriumchlorid (Kochsalz) eben als Na^+- und als Cl^--Ionen. Wenn die Pflanzen der Salzwiesen Wasser zur Aufrechterhaltung der eigenen Druckverhältnisse aufnehmen, ist dies nur um den Preis eines gleichzeitig recht massiven Imports von Ionen aus der Bodenwasserlösung möglich. Salzpflanzen enthalten also eine Menge Meersalz, und das kann man sogar deutlich schmecken.

Salz-Lösungen

Damit sie nicht vertrocknen, müssen die Halophyten demnach mit ihrem Salzstandort heftig um das verfügbare Wasser konkurrieren. Das schaffen sie nur, indem sie ihr Wasserpotenzial durch Ionenaufnahme deutlich unter das des Bodens absenken und anschließend irgendwie mit der Salzbelastung fertig werden. Tatsächlich zeigen die Halophyten schon auf der Ebene ihrer Zellen und Gewebe besondere und im Grunde bewundernswerte Anpassungen. Eine davon besteht darin, zusätzlichen Speicherraum für die mit den inneren Wasserströmen aufsteigenden Salzfrachten zu schaffen, aber gleichzeitig den Wasserverbrauch deutlich einzuschränken: Die Pflanzen werden dick. Von der oberen Salzwiese bis zum Quellerwatt, in Richtung steigender Salzbelastung, nimmt das Blattflächen-/Volumen-Verhältnis stetig ab: Die Salzpflanzen der Meeresküsten sind also Halosukkulenten.

Laden oder Löschen

Einjährige Pflanzen wie Queller und Strandsode befrachten sich jeweils nur bis zum Ende der Vegetationsperiode mit Salz und sterben dann – eventuell mit eindrucksvollem Farbfinale – ab. Mehrjährige Arten wie Salz-Aster, Strand-Wegerich und Strand-Dreizack werfen während der Saison ständig mit Salz gesättigte Blätter ab und stellen mit neuen weiteren Stauraum für Salz zur Verfügung.
Eine weitere auf die mehrjährigen Halophyten beschränkte Strategie besteht darin, die aufgenommene Salzladung mit absalzenden Drüsen wieder zu löschen. Solche winzigen Absalzdrüsen kommen in den Blättern von Milchkraut, Strandflieder, Strandnelke und Schlickgras vor. Niederschlagswasser entfernt die an der Blattoberfläche kristallin ausgeschiedenen Salze. Ähnlich arbeiten die Absalzhaare mancher Arten. Hier erfolgt die Salzdeponierung ebenfalls in einer endständigen Blasenzelle von Blatthaaren. Diese platzt schließlich und setzt ihre Salzfüllung frei oder bricht zusammen mit ihrer Stielzelle einfach ab.

Queller in der aufrechten Wuchsform

Tipps zum Mitmachen

Salz nicht nur für die Suppe

- Blattgrößen und -dicken verschiedener Salzpflanzenarten vergleichen, beispielsweise von Strand-Sode, Strand-Wegerich, Salz-Aster und Milchkraut.
- Geschmackstest bei verschiedenen Salzpflanzen vornehmen.
- Auf ausgeschwitzte Salzkrusten bei Strandflieder und Keilmelde achten.
- Ist der Queller blatt- oder stammsukkulent?

Von Marschen und Moränen

Die gesamte norddeutsche Küstenlandschaft ist – ebenso wie die Ostseeregion – ein direktes Erbe der Eiszeit. Von den heute insgesamt 20 relativ sicher unterscheidbaren Kalt- (Glaziale) und Warmzeiten (Interglaziale) des Quartärs sind jedoch nur die letzten beiden Glaziale mit ihren Vereisungen besonders landschaftswirksam geworden.

Während die kaltzeitlichen Eismassen am Entstehungsort in Skandinavien (Nährgebiet) bis 5000 m mächtig waren, betrug ihre Dicke an den Eisrandlagen (Zehrgebiet) im heutigen Mecklenburg-Vorpommern, Schleswig-Holstein und Niedersachsen immerhin noch rund 300 m. Wegen dieser beträchtlichen Höhenunterschiede waren die Gletscher ständig in Bewegung und glitten in süd(west)licher Richtung ab – um etwa 30 cm/Tag.
Beim Abfließen nahmen sie in ihrem Sohlenbereich mengenweise geschürftes Lockermaterial mit und überzogen das vergletscherte Gebiet mit einer mächtigen Grundmoränendecke.

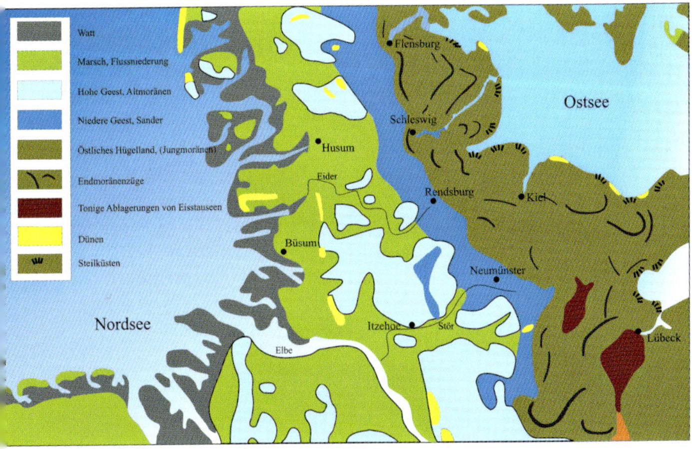

Spuren der Eiszeiten: Landschaftsgliederung von Schleswig-Holstein

Rotes Kliff bei Kampen/Sylt

Massenbewegungen

Die Stirnseiten der vordringenden Gletscherzungen verschoben ebenfalls große Mengen Gesteinstrümmer, durchaus vergleichbar mit den Materialbewegungen durch eine Planierraupe. Deren Ablagerungen nennt man Satzend- oder, sofern sie zusätzlich zusammengepresst wurden, Stauchmoränen. Besonders große Gesteinstrümmer aus den Gletschergeschieben nennt man Findlinge oder erratische Blöcke. Sie zeigen häufig Schrunden und Schrammen vom Transport über mehr als 1 000 km. Überall wurden sie in das Mauerwerk von Gebäuden der Küstenorte einbezogen.

Gletscher und Geest

Aus der girlandenartigen Aufreihung der gletscherbedingten Endmoränen in der heutigen Landschaft lassen sich die ehemaligen Eisrandlagen und damit die maximale Vereisung rekonstruieren. Nach der Entstehungszeit nennt man die davon betroffenen Landschaftsteile Altmoränengebiet oder Hohe Geest. In Schleswig-Holstein umfasst die Hohe Geest nur einen schmalen Streifen von etwa 20 km Breite. In Niedersachsen reicht sie dagegen von der heutigen Innenküste bis 170 km weit nach Süden. Die Eisränder der letzten (Weichsel-)Eiszeit haben die Elbe nicht mehr

Hallig Oland mit ihrem Warftdorf

überschritten. Ihre hügeligen Endmoränen finden sich daher nur im Osten Schleswig-Holsteins sowie in Mecklenburg-Vorpommern.

Junges Schwemmland

Mit dem nacheiszeitlichen Vorrücken der Nordsee bildeten sich vor der Hohen Geest fortschreitend breite Uferstreifen, in denen Wellenschlag und Tideströme des Meerwassers das abbröckelnde Altmoränenmaterial umlagerten – eindrucksvoll zu beobachten am Roten Kliff auf Sylt oder am Gotingkliff auf Föhr. Andererseits setzten sich aus den beruhigten Gezeitenströmen feine und feinste Bodenteilchen ab. So entstand der breite Marschengürtel. Die Marsch ist also ehemaliges Watt, das durch fortgesetzten Materialimport allmählich über Hochwasserniveau aufgehöht wurde. Bedeichtes Marschland ergibt in den Poldern und Kögen außerordentlich fruchtbare Böden.

Ausharren auf Außenposten

Die zehn Halligen Oland, Langeneß, Gröde-Appelland, Habel, Nordstrandischmoor, Südfall, Süderoog, Norderoog, Hooge und Hamburger Hallig stellen zum Teil die Reste des im Mittelalter durch Sturmfluten zerschlagenen Festlandes dar, sind aber auch auf den Sedimentresten durch Anschlickung aus dem Meer gewachsen. Mit Ausnahme von Hooge gibt es hier keine Deiche. Deshalb stehen die eng gescharten Häuser ausnahmslos auf künstlichen Hügeln, den Warften. Soweit sie besiedelt sind, stellen sie zweifellos die eigenartigsten Siedlungsformen Europas dar.

Tipps zum Mitmachen

Watt- und Halligwanderungen

- Eine Wanderung quer durch das Watt zu einer der Halligen (Nordstrandischmoor oder Gröde-Appelland) gehört sicher zu den größten Ferienerlebnissen.
- Niemals alleine gehen, sondern immer an einer sachkundig geführten Wanderung teilnehmen.
- Einige Halligen sind per Ausflugsschiff erreichbar (Hooge, Langeneß, Oland) – auch sie sind zur Blütezeit der Salzwiesen ein grandioses Erlebnis.

Die Wichtigsten der Reihe nach

Queller ***Salicornia europaea***
Einjährig, mehrere Kleinarten, 10–30 cm hoch, ab Spätsommer karminrot. Blätter schuppig verkleinert. Pionier im Verlandungsbereich des Watts.

Strand-Sode ***Suaeda maritima***
Einjährig, 10–40 cm hoch, dickfleischige, zipflige Blätter, Blütezeit 7–10. Salzreiche Schlickböden im Marschland der Küsten

Strand-Wegerich ***Plantago maritima***
Rosettenblätter, 5–10 cm hoch unauffällig gelblicher Blütenstand, Blütezeit 6–10. Salztonböden in den Salzwiesen

Englisches Schlickgras ***Spartina anglica***
Mehrjähriges blaugrünes Gras in oft ausgedehnten Horsten, 30–80 (150) cm hoch, Blütezeit 7–10. Entstand um 1890 in Südengland durch spontande Kreuzung.

Strand-Beifuß, Strand-Wermut
Artemisia maritima
Mehrjährig, 30–80 cm hoch duftet stark aromatisch, Blütezeit 7–10. Von den Küsten bis in die asiatischen Salzsteppen.

Strand-Milchkraut ***Glaux maritima***
Stängel liegend oder aufsteigend, bis 15 cm lang, Blüten bis 4 mm breit, Kronblätter fehlen, Kelchblätter weißlich-rosa, zur Mitte purpurn. Blütezeit 5–8. Salzwiesen.

Strand-Keilmelde, Strand-Salzmelde
Atriplex portulacoides
Mehrjähriger Halbstrauch, nur an der Basis verholzt 30–100 cm hoch dickliche, graugrüne Blätter Blütezeit 7–10. An Priel- und Grabenrändern.

Salz-Aster, Strand-Aster ***Aster tripolium***
Mehrjährig, 20–70 cm hoch, durch Beweidung oft viel kürzer, Blütezeit 7–10. Salzwiesen und Priel- sowie Grabenränder.

Strandflieder, Halligflieder
Limonium vulgare
Mehrjährig. 15–50 cm hoch, Blätter lederig, in Rosetten, Blütezeit 7–10. Vom Andelrasen bis zur Grasnelkenwiese. Geschützt!

Strandnelke ***Armeria maritima***
Formenreich, mit Blütenstand 5–30 cm hoch, Blätter grasartig, in Rosetten oder Polstern, Blütezeit 5–10. Salzwiesen, an der Ostsee seltener.

Strand-Tausendgüldenkraut
Centaurium littorale
Zierlich, 5–25 cm hoch, Blüten öffnen sich nur bei vollem Sonnenschein. Blütezeit 7–9. In lückigen Salzwiesen. Geschützt (Rote Liste!).

Kanadagans *Branta canadensis*
Länge bis 100 cm; sehr dunkler Hals mit breitem, weiten Wangenfleck; eingeführte Art aus Nordamerika, Brut- und Strichvogel auf küstennahem Grünland.

Ringelgans *Branta bernicla*
55–60 cm; dunkle Gans mit kleinem Schnabel und weißem Halsring; rastet zur Nahrungsaufnahme auf dem Durchzug in großen Trupps auf Salz- und Seegraswiesen.

Weißwangengans *Anser leucopsis*
Länge bis 68 cm. Gefieder dunkel, Wangen & Stirn weiß, Schnabel sehr kurz; rastet zur Zugzeit auf Feldern und Salzwiesen der Flussmündungen und im Wattenmeer.

Graugans *Anser anser*
Lange bis 89 cm, Gefieder gräulich mit hellerer Unterseite, orangener Schnabel, Beine fleischfarben; zieht in Keilformation.

Kurzschnabelgans ***Anser brachyrhynchus***
Bis 76 cm; ähnlich wie Saatgans, doch kleiner und mit fleischfarbenen Beine; Rastvogel an der Küste, überwintert überwiegend in den Niederlanden.

Blässgans ***Anser albifrons***
Bis 78 cm; ähnlich der Graugans, jedoch mit weißer Blässe rund um die Schnabelbasis Beine und Schnabel orange; Brutvogel der Tundra, überwintert in Westeuropa.

Großer Brachvogel ***Numenius phaeopus***
Bis 57 cm, stochert mit dem langen, nach unten gebogenen Schnabel im Watt nach Meereswürmern. Als Brutvogel selten. Sommer-Herbst Schlafplätze an der Wismarbucht.

Goldregenpfeifer ***Pluvialis apricaria***
Bis 28 cm, im Prachtkleid schwarz/gelb gesprenkelt, tritt zur Zugzeit in großen Trupp auf und flieget in V- oder Keilformation.

ferschnepfe *Limosa lapponica*
Bis 38 cm; sehr langer leicht aufwärts ebogener Schnabel; große Zugschwärme n Wattenmeer; brütet in Nordeuropa und ibirien.

Rotschenkel *Tringa totanus*
Bis 28 cm; sehr lange rote Beine du spitzer roter Schnabel; ruft von erhöhten Standorten aus; brüten sehr versteckt in feuchten Bereichen. Selten.

ampfläufer *Philomachus pugnax*
is 29 cm; Männchen mit Halskrause und ıriabler Färbung, veranstalten im Frühling tualisierte Schaukampfe; Weibchen kleier und unscheinbar. Sehr selten.

Kiebitz *Vanellus vanellus*
Bis 30 cm, Körper kräftig, Kopfschopf und kurzer Schnabel; fliegt mit breiten „gefingerten" Schwingen in taumelnden Schleifen; brütet bereits im März.

Bodden, Wiek und Nehrung

Steile Küsten, flache Buchten

Der Königsstuhl auf Rügen als höchste Erhebung der Kreideküste erreicht 118 m. Die Moränenküsten sind deutlich niedriger: Das Brodtener Steilufer bei Travemünde ist 20 m hoch, Groß Klützhöved bei Wismar 30 m und Groß Zickersches Höft im Mönchgut (Rügen) gar 40 m. Von See aus heben sich zunächst die ockergelben Moränensteilküsten bzw. die gewaltige Kreideküste der Stubnitz mit dem dichten Buchenwald ab. Vom Flugzeug aus sind aus größerer Höhe die unendlich langen weißen Strände zu erkennen: Im Vergleich zu den Küsten der Nordsee stellt sich die südliche Ostseeküste völlig anders dar. Als besondere Eigenart fällt hier vor allem der Wechsel von hohen Steilküsten und breiten Stränden auf.

Kreidefelsen Jasmund mit Kalk-Buchenwald

Der Blick auf eine Karte zeigt es unübersehbar: Die Küste der südlichen Ostsee har einen betont geschwungenen, buchtenreichen Verlauf. Von der Ostsee mehr oder weniger abgetrennte Buchten tragen eigene Namen, die so nur im Vorpommern und Pommern üblich sind: Die besonders flachen Meeresbuchten nennt man Bodden. Die tiefste Stelle des Greifswalder Boddens erreicht nur 13 m. Eine Wiek ist eine kleine Bucht der Bodden. Wieken unterscheiden sich von Bodden also nur in der Größe. Beide weisen ungefähr den Salzgehalt der Ostsee auf.
Haffe sind dagegen Meeresbuchten, in die große Flüsse einmünden. Ihr Salzgehalt ist daher deutlich reduziert. Typische Beispiele sind das Stettiner Haff mit der Oder, Frisches Haff mit der Pregel (Polen) sowie Kurisches Haff mit der Memel (Litauen). Die regionalen Bezeichnungen

stimmen jedoch nicht immer mit den Lehrbuch-Definitionen überein. Abweichend von dieser Definition hat das Salzhaff (östlich der Wismarbucht, also außerhalb von Vorpommern) keine größere Flusseinmündung. Auch das Wort Salz irritiert, denn der Salzgehalt ist hier nicht höher als in der Ostsee.

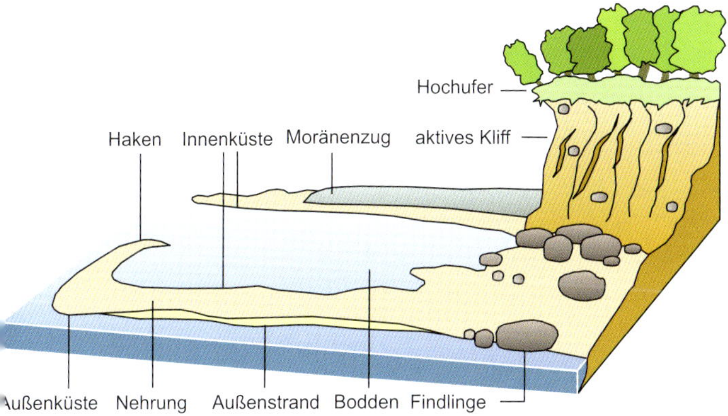

Landschaftselemente der Ostseeküste

Nehrungen gleichen aus

Ursprünglich offene Buchten können durch Sand geschlossen und von der Ostsee weitgehend getrennt werden. Im Luv wird Feinmaterial von Küstenvorsprüngen abgetragen. Im leeseitigen Strömungsschatten lagert es sich wieder ab. Nur Blöcke, Geröll und gröbere Kiese bleiben als Restsediment zurück. Auf diese Weise entsteht zunächst ein Sandhaken, der sich in die Buchtöffnung vorschiebt und diese zuletzt als Nehrung schließt. Die Bucht ist abgeriegelt, die Küste wirkt nun etwas geradliniger – sie ist ausgeglichen.
Die Rügenkarte verdeutlicht dieses Muster von Abtrag und Anlandung: Die Halbinsel Wittow ist durch die Schaabe mit Jasmund verbunden – so entstanden der Große Jasmunder Bodden und der Breeger Bodden. Die Nehrung zwischen Jasmund und Lancken-Granitz mit dem langen Strand zwischen Mukran und Binz riegelte den Kleinen Jasmunder Bodden ab. Zwischen Nord- und Südperd auf der Halbinsel Mönchgut liegt die Nehrung mit dem Thiessower Strand. Die 18 km lange Nehrung der Insel Hiddensee vom Dornbusch bis zur Spitze des Gellens wäre

schon längst mit dem Festland verbunden, wenn nicht das Fahrwasser mit viel Aufwand offen gehalten würde. Die Bessine, Nehrungen im Nordosten von Hiddensee, streben in Richtung Südost auf den Bug zu. Der Bug, eine ehemalige Insel, ist über eine Nehrung mit der Halbinsel Wittow verbunden.

Tipps zum Mitmachen

Überblick gewinnen

Die eleganten Wasser-Landbeziehungen der südlichen Ostsee kann man bestens erkunden:

- im Internet durch virtuelle Bildflüge unter google-earth
- von einem der zahlreichen Aussichtstürme (z.B. Dornbusch auf Hiddensee, Jagdschloss Granitz, Aussichtsturm am Südperd, Kirchturm von Wustrow auf dem Fischland)

Auf die Ausgleich-Außenküste entfallen zwischen Lübeck und der polnischen Grenze lediglich 377 km, während die buchtenreichen Binnenküsten der Bodden, Wieken und Haffe sich auf 1568 km Länge summieren.

Ein Zipfel der Arktis

Drei großräumige Typen bestimmen das Klima im gesamten Ostseeraum. Nur das südliche Drittel der Ostsee befindet sich in der gemäßigten Klimazone, die bei Dänemark und im deutschen Teil bis zum Darß-Fischland noch ausgesprochen maritime Züge trägt, nach Osten und Norden hin jedoch zunehmend in den Bereich des Kontinentalklimas gerät.

Im Übergangsgebiet zur Nordsee herrscht ozeanisch gemäßigtes Klima, das durch den Zustrom feuchtkühler Luftmassen des Nordatlantiks stark maritim beeinflusst ist. Winde aus westlicher und südwestlicher Richtung überwiegen. Weiter östlich, über dem eigentlichen Ostseeraum herrscht kontinental-gemäßigtes Klima. Der nördlichste Teil, die Bottenwiek, erreicht schon fast den Polarkreis und unterliegt borealem Klima. Im Winter überwiegen hier östliche Strömungen mit kontinentalen Festlandluftmassen und folglich recht tiefe Temperaturen.

Eisschollen im Greifswalder Bodden

Einfache Regel für Sonnenanbeter

Je weiter östlich man sich an der Ostsee befindet, desto trockener und wärmer werden die Sommertage. Entsprechend zeigen sich die Wintertage knackig kalt. Die mittlere jährliche Niederschlagsmenge liegt zwischen 400 und 800 mm/Jahr. Langfristige Wettervorhersagen sind im Bereich der westlichen Ostsee nicht möglich. Und wie wirkt sich der Klimawandel aus? Die Modelle sagen trockene und wärmere Sommer für das Gebiet der südwestlichen Ostsee voraus, allerdings mit Unterbrechung durch Unwetter. Für die Tourismusbranche sicherlich eine angenehme Nachricht, für die Landwirte wohl nicht.

Eisige Verhältnisse

Im Bottnischen Meerbusen vereist die Ostsee in jedem Winter bis zu fünf Monate lang. Schon nördlich von 56° n.Br. (etwa Karlskrona, Schweden) vereist die Ostsee regelmäßig, südlich davon bildet sich Eis nur regional und nicht in jedem Winter aus. Umfang und Dauer der Eisbedeckung hängen von der Anzahl sowie von Stärke und Länge der Kälteperiode ab. Bodden, Buchten und Haffe bilden nahezu jährlich im Zeitraum Januar/Februar eine Eisdecke aus. Die Häufigkeit der Eisbedeckung liegt über 50%. Davon ausgenommen sind die tiefen und salzreichen Förden in Schleswig-Holstein. An der Außenküste kommt es auch in normalen

Vereiste Buhnenpfähle an der Ostsee

Wintern in der Pommerschen Bucht (Ostküste Rügen, Usedom) zur Eisbildung. Kieler und Mecklenburger Bucht frieren dagegen nur in kalten Wintern zu. Auch zwischen der Darßer Schwelle und Bornholm kommt es nur in sehr kalten Wintern zur Vereisung.

Tabelle 4: Mittlere Wasser- und Lufttemperatur in der Ostsee

	Kattegat			Arkonasee			Bornholm			Bottnische See		
	Feb	Aug	Nov	Feb	Aug	Nov	Feb	Aug	Nov	Feb	Aug	Nov
Luft	1,4	17,7	6,2	1,3	17,6	6,5	1,0	17,0	6,2	–9,7	13,4	2,8
Wasser	3,0	17,7	8,5	2,5	17,8	8,6	2,8	17,5	8,5	Eis	13,9	4,8

Datenbasis: Bundesamt für Seeschifffahrt und Hydrographie

Die Ostsee unterliegt dem atlantischen temperierten Wetter mit kühlen Sommern und milden Wintern. Die mittleren oberflächlichen Wassertemperaturen sinken in der Ostsee zwischen Kattegat und Ålandinseln kaum unter + 2,5 °C. Nur in extrem kalten Wintern friert die küstenferne, offene Ostsee zu. Der wärmste Monat ist im gesamten Ostseegebiet der August. Die Temperaturen in Luft und Wasser sind im Sommer auf der offenen See etwa gleich.
Dagegen zeigt das Klima in der nördlichen und östlichen Ostsee, im Bottnischen und Finnischen Meerbusen, deutlich kontinentale Einflüsse mit strengen, andauernden Wintern und kurzen Sommern. Diese Teile der Ostsee sind im Winter zugefroren. Die Luft ist im Sommer wärmer als das Wasser.

Tipps zum Mitmachen

Klirrend kalte Kunstobjekte
Die Nordsee führt nur höchst selten eisige Spektakel auf. Die Ostseeküste bietet dagegen häufiger ansehnliche Schaustücke, die für Naturfotografen wundervolle Motive liefern.

- Nutzen Sie die Eisberichte des Bundesamtes für Seeschifffahrt und Hydrographie und die Webcams von Orten am Greifswalder Bodden oder von Hiddensee. (www.bsh.de/de/Meeresdaten/Beobachtungen/Eis/1975.jsp)
- Die Eisbildungen an der deutschen Ostseeküste beginnen in den vorpommerschen Bodden. „Eisberge“ entstehen hier bei Ostwind, der kleine Eisschollen zu Barrieren vor der Küste von bis zu 6 m Höhe aufstapelt.
- Wer dieses Naturschauspiel miterleben will, muss sich spontan zu einem Abstecher an die Ostsee entschließen, denn so schnell wie sie kommen, verschwinden sie auch. Im Eisbericht heißt das lapidar: Die morschen Eisreste werden innerhalb von wenigen Tagen verschwinden.

Weniger Salz, weniger Arten

Die Ostsee ist ein Brackwassermeer. Salzreiches Wasser aus der Nordsee bzw. dem Kattegat strömt über die Dänischen Belte und den Sund in die Ostsee. In der westlichen Ostsee liegt der Salzgehalt im Oberflächenwasser bei 20‰, vor Warnemünde bei 12‰ und vor Usedom bei 8‰. Das Wasser im nördlichsten Teil des Bottnischen Meerbusens ist fast als Süßwasser zu bezeichnen (2‰). Obwohl Verbindungen zwischen Nord- und Ostsee bestehen, nimmt die Anzahl der marinen Arten nach Osten deutlich ab. Wie ist das zu erklären?

Das Leben stammt aus dem Meer, und die von dort ausgehende Eroberung des Süßwassers erforderte umfangreiche Anpassungen. Das Salzwasser der Meere hat einen recht konstanten Salzgehalt um 35‰, dem die Innenflüssigkeiten der Meerestiere angepasst sind. Pflanzen und Tiere verbrauchen keine Energie, um diesen Zustand aufrecht zu erhalten. Gelangen sie aber in Wasser mit einem geringeren Salzgehalt, Brack- oder Süßwasser, so nehmen sie über die Haut (oder Kiemen und Darm) osmotisch bedingt zwangsläufig Wasser auf, was zum Platzen der Zellen und damit zum Tod führt.

Kein schrankenloser Betrieb

Nun haben die Arten des Meerwassers Mechanismen entwickelt, die das Eindringen von Wasser in ihre Körperflüssigkeiten verhindern. So können Aale vom Meerwasser ohne weiteres zum Süßwasser wechseln. Ihre Haut sondert eine Schleimschicht ab, die den Austausch von Salzen zwischen Wasser und Körperflüssigkeit unterbindet. Andere Arten haben Pumpen entwickelt, die das eindringende Wasser dem Körper wieder entziehen. Schwieriger ist es für Süßwassertiere, in salziges Wasser einzudringen. Der Anteil der Salze im äußeren Milieu ist höher als im inneren, so dass ihnen Wasser entzogen wird. Sie müssen also Wasser aufnehmen, um nicht zu vertrocknen. Die marinen Arten müssen dagegen nicht nur mit einem geringen, sondern auch mit einem stets wechselnden Salzgehalt fertig werden: Tatsächlich regulieren sie ihren Wasser- und Salzhaushalt ständig nach. Fachleute sprechen in diesem Zusammenhang von Osmoregulation.

Abtauchen in die salzige Tiefe

Einige marine Arten nutzen die Schichtung des Wasserkörpers der Ostsee in eine untere salzreiche und eine obere salzarme Schicht. Solche Arten werden mit Salzwassereinbrüchen aus der Nordsee in die Ostsee transportiert und können hier leben oder überleben. Ein typisches Beispiel ist der Wattwurm (*Arenicola marina*), der in der Nordsee in der Gezeitenzone lebt. Auch in der Mecklenburger Bucht bei noch vergleichsweise hohem Salzgehalt kommt er im Flachwasser vor, ist aber auch in 15 m Wassertiefe anzutreffen. Bei weit geringerem Salzgehalt kommt er bei Hiddensee und Rügen nur noch vereinzelt im Flachwasser vor, besiedelt aber das Arkonabecken in bis über 40 m Tiefe. Der Wattwurm und weitere marine Arten wandern also mit dem Salzwasser in die Tiefe (Salzwassersubmergenz).

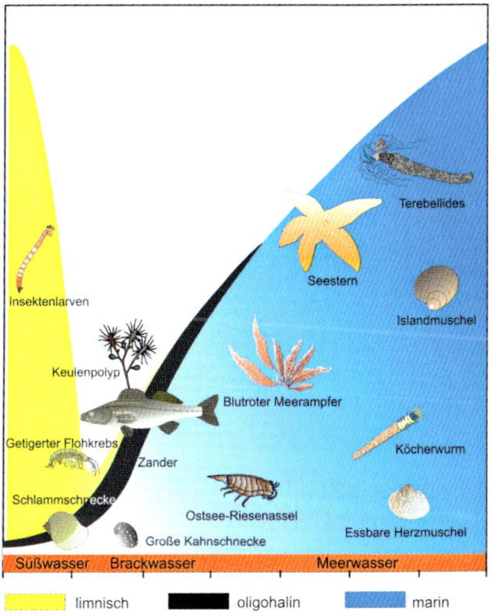

Salzgehalt und Artenreichtum

Keine Lückenbüßer

Im deutschen Teil der Ostsee nimmt die Anzahl der Tiere des Sandbodens (Muscheln, Krebse, Meereswürmer) von der Kieler Bucht bis zur Pommerschen Bucht von 120 auf 23 Arten ab. Ganze Tiergruppen wie die Stachelhäuter (Seesterne, Seeigel u.a.) und die Manteltiere (Tunicata) schaffen es nicht, noch weiter in das Brackwassermeer einzudringen. Diese Lücke wird nun bezeichnenderweise nicht durch Tiere aus dem Süßwasser aufgefüllt. Nur wenige Süßwasserarten sind befähigt, ihre Regulationsleistungen zu steigern und sich einem höheren Salzgehalt anzupassen. Daher entsteht in dem Salzgehaltsbereich zwischen 8 und 5‰ ein bemerkenswertes „Artenloch“, in das nur wenige Salz- und Süßwasserarten eindringen können.

Wo Wasser dem Wind weicht

Gezeiten sind in der Ostsee kaum erkennbar, daher gibt es auch kein Wattenmeer, das durch dic Tätigkeit der Gezeiten entstanden ist. Trotzdem gibt es Watten, die an der Ostsee Windwatten heißen. Der Name rührt daher, dass Wasserstandsänderungen mit bestimmten Windrichtungen zusammenfallen. Die einfache Regel lautet: Bei Südwestwind Flachwasser, bei Nordostwind Hochwasser. Der Wind spielt aber die geringste Rolle als Motor der Wasserstandsänderungen. Vielmehr wirken Luftdruck, Höhe und Intensität des Füllungsgrades der Ostsee und die Lage der Windgebiete als die eigentlichen Verursacher der Wasserstandsschwankungen.

Wenn hoher Luftdruck über der Ostsee liegt, herrschen oft Ostwinde, und diese Wetterlage führt meistens zu hohem Wasserstand. Geringer Luftdruck, verbunden mit südwestlichen Winden, führt zu Niedrigwasser. Im Unterschied zum Nordseewatt mit seinem periodischen Gezeitenrhythmus unterliegen die Windwatten der Ostsee somit wetterabhängigen, unregelmäßigen Wasserstandsschwankungen, die über längere Zeit nicht vorhersagbar sind.
Windwatten entstehen im Prozess des Küstenausgleichs. An einer Steilküste wird Material abgetragen, küstenparallel in den Strömungsschatten transportiert und dort im Lee abgelagert. So entstehen teilweise ausgedehnte Flachwasserzonen aus Feinsand, die überflutet oder mit Wasser überdeckt sind.

Windwatt an der Ostesee

Extremer Lebensraum

Windwatten stellen wie die noch vorzustellenden Gezeitentümpel Extremlebensräume dar. Wochenlangem Trockenfallen folgt eine Überflutung von unbestimmter Dauer, Regenfälle führen zu Süßwasserbedingungen, Trockenheit und Sonneneinstrahlung folgt ein starker Anstieg der Salzkonzentration, und die täglichen Temperaturschwankungen können ebenfalls extreme Werte erreichen – insgesamt also höchst ungünstige Bedingungen für Pflanzen und Tiere. Nur in tiefer gelegenen Prielen und Senken, die häufig von Wasser überdeckt bleiben, kommen 10–20 Arten wirbelloser Tiere vor. Auffällige Arten sind der Wattwurm oder Sandpier (*Arenicola marina*, westlich von Hiddensee) und der Schlickkrebs *(Corophium volutator)*, der massenhaft in etwas tiefer gelegenen, schlickig-sandigen Bereichen auftreten kann.
An der Außenküste sowie in den Bodden trifft man Windwatten an allen Ufern an, besonders aber im Bereich von Anlandungszonen (z. B. Insel Poel, Bock, Alter und Neuer Bessin auf Hiddensee, Thiessower, Peenemünder und Freesendorfer Haken).

Ein sicherer Schlafplatz

Die offenen und übersichtlichen Windwatten können Feinde kaum unbemerkt erreichen. Überwinternde und ziehende Wat- und Wasservögel sowie Brutvögel nutzen daher Windwatten sehr gerne als Schlafplatz. Eine besondere Berühmtheit als Übernachtungsort hat das Windwatt am Bock im Nationalpark Vorpommersche Boddenlandschaft erlangt, wo in den letzten Jahren bis zu 80000 Kraniche auf dem alljährlichen Herbstzug rasteten.

Tipps zum Mitmachen

Ganz gelassen zusehen

- Beobachten Sie das Vogelleben auf einem Windwatt vor der Küste im Tagesverlauf: Nahrungsplatz an der Wasserlinie, Rastplatz und/oder Schlafplatz auf den höher gelegenen trockenen Flächen.
- Betrachten Sie eine kleine, feuchte Wattfläche: Scheinbar nur Sand oder Schlick. Nach kurzer Zeit entdecken Sie Spuren und Wasserbewegungen. Herzmuscheln bewegen sich grabend durch das Sediment, winzige Schnecken ziehen ihre Bahnen auf der Oberfläche, Muscheln stoßen Wasser aus ihren Siphonen.

Aus ganz alter Zeit

Fossilien sind die versteinerten Reste von Pflanzen und Tieren. Das lateinische Wort *fossilis* – ausgegraben ist der Stammbegriff, der den Sammelnamen gab. An Land muss man tatsächlich in fossilführenden Schichten graben. An Nord- und Ostsee nimmt uns das Meer das mühsame Freilegen solcher Schichten ab. Fossilien finden sich in Ablagerungsgesteinen, und genau diese haben wir an der Ostseeküste vor uns.

Bequemer geht es wirklich nicht: Man weilt am Strand, genießt Meer und Sonne und kann sich auch noch sinnvoll beschäftigen – zum Beispiel sitzend die Steine durch die Finger gleiten lassen und den Blick für Versteinertes schärfen. Zunächst erkennt man das fossile Tier vor lauter Steinen vielleicht gar nicht, aber bald bekommt man einen Blick dafür: Schwämme, Korallen, Austern und andere Muscheln, Donnerkeile, Seelilien, Seeigel, Zähne von Haien und vieles mehr liegt uns buchstäblich zu Füßen.

Der Tod ist nicht immer das Ende

Nach dem Absterben eines Organismus beginnt normalerweise dessen Zersetzung. Diese besorgen bei Anwesenheit von Sauerstoff ziemlich rasch die Heere von Mikroorganismen, denen die organische Substanz als Nahrung dient. Anorganische Substanz wie der Kalk von Schalen und Knochen zerfällt zu Mineralstoffen, die von Pflanzen aufgenommen werden. Vom toten Organismus bleibt schließlich nichts mehr, was auf seine ehemalige Existenz hinweist. Es besteht aber durchaus die Chance, dass ein Organismus zum Fossil wird. Im Idealfall wird ein Lebewesen nämlich unmittelbar nach seinem Tode beispielsweise in Schlick eingebettet und gerät damit unter Sauerstoffmangel. Schlick ist aufgrund seiner Feinkörnigkeit ein sehr geeignetes Erhaltungsmedium und kommt in allen Stillwasserzonen vor. Der eingebettete Kadaver wird zunehmend stärker mit Sediment bedeckt und kommt unter den Einfluss erhöhten Drucks und meist auch stark erhöhter Temperatur. Die Prozesse, die zum Erhalt eines Organismus oder seiner Reste beitragen, bezeichnet man als Fossilisation.

Hartes wird noch härter

Steigt der Druck weiter, beginnt die Diagenese – so nennt man die Verwandlung von lockerem Sediment in festes Substrat. Oft wird es von Siliziumverbindungen durchsetzt (Silizifikation, Verkieselung). Man spricht dann von einer Gesteins-Metamorphose.
Wenn sich ein Lebewesen oder seine Bauteile im Sediment so langsam auflösen, dass sie im umgebenden Gestein einen Hohlraum hinterlassen, kann auch dieser Hohlraum mit der Zeit von einsickernden Silicium-Lösungen ausgefüllt werden. So entstehen eindrucksvolle Steinkern-Fossilien. Dabei bleibt die ursprüngliche Gestalt des Innenraums eines Tieres in allen Einzelheiten erhalten.
Hartteile verwesen erwartungsgemäß nicht so schnell wie Weichteile und bleiben daher öfter erhalten. Muschelschalen und Schneckengehäuse sind solche Hartteile, die ihre Träger schon zu Lebzeiten vor vielerlei Angriffen aus der Umgebung schützten. Solche und vergleichbare Strukturen bestehen meist aus Calcium-Verbindungen wie Calciumcarbonat, Perlmutt, Apatit und erweisen sich bei der Fossilisation als recht beständig.

Ammonshorn und Donnerkeil

Zwei artenreiche Kopffüßergruppen, die Ammoniten („Ammonshörner“) und die Belemniten („Donnerkeile“), traten ungefähr gleichzeitig vom Unterdevon bis zur Kreidezeit vor ca. 358–65 Millionen Jahren auf. Die Ammoniten finden sich heute im Gestein in Form ihrer prächtigen, schneckenartig in einer Ebene aufgewundenen Schale. Von den Belemniten bleibt dagegen als Fossil meist nur das harte Rostrum übrig, die Fortsetzung ihres Schulps (vgl. S. 62), von Sammlern nach einer früheren naiven Deutung einfach als Donnerkeile bezeichnet. Vollständige Funde, bei denen auch die Weichteile konserviert wurden, sind bis heute sehr selten. Lange Zeit war deshalb unklar, zu welchem Tier eigentlich die Donnerkeile gehörten.
Die Belemniten ähnelten im Aussehen den heutigen Kalmaren, hatten 10 Fangarme und einen Tintenbeutel. Im Erdmittelalter waren sie so weit verbreitet, dass man sie heute sogar als Leitfossilien verwendet. Sie lebten in Schwärmen im Küstenbereich der Meere nahe der Wasseroberfläche. Wachstumsschichten, ähnlich den Jahrringen der Bäume, zeigen, dass Belemniten etwa vier Jahre alt wurden.

In Geröll und Geschiebe

Fossilien findet man an fast allen Geröllstränden der südwestlichen Ostsee. Die Kreideküsten auf Rügen und der dänischen Insel Moen bergen sicherlich die reichsten Fossilienvorkommen. An der Kreideküste heben sich die dunklen Feuersteinbänder gut von der weißen Kreide ab. Darin befinden sich die meisten Fossilien.
An den Kreideküsten der Ostsee findet man erwartungsgemäß überwiegend Fossilien des Kreidemeeres. An den Kalksteininseln, z.B. Gotland, kommen dagegen Riffe aus Korallen, Muscheln und anderen Lebewesen aus dem tropischen Silur-Meer vor.

Eine besondere Schatzkammer

Zweiflügler aus der Gattung *Tricyphor*

Bernstein ist ein fossiles, nämlich ein versteinertes Harz. Der Baltische Bernstein entstand in den großen skandinavischen Bernstein-Urwäldern und leitet sich vom Harz wohl nur einer Koniferenart ab. Er entstand im Tertiär vor 40 Mio. Jahren, als die Nadelwälder ertranken. Heute findet man ihn auf weit über Europa verstreuten sekundären Lagerstätten, zu denen er auf unterschiedlichen Transportwegen mit Gletschern und über Flüsse verfrachtet wurde – darunter auch an die Küsten der Nordsee.
Die Farben des Baltischen Bernsteins reichen von farblos über hell- bis goldgelb und orange bis hin zu Rot- und Brauntönen. Je nach Art und Menge der pflanzlichen Einschlüsse kommen auch grünliche Töne sowie tiefschwarze Stücke vor. Letztere werden, zu Schmuckstücken verarbeitet, häufig in Polen und Litauen angeboten. Besonders begehrt sind natürlich solche Stücke, die auch noch Spuren tierischen Lebens bergen – fossiles Harz enthält lebensecht eingeschlossene Kleintierfossilien: Neben Skorpionen und Spinnen sind es Springschwänze, Eintags- und Steinfliegen, Stechmücken, Flöhe, Ameisen und Käfer sowie Federteile und Tierhaare. Sie stellen für die Evolutionsforschung eine besondere Schatzkammer dar.

Abenteuer Bernsteinsuche

Wenn sich das Meer nach Stürmen wieder beruhigt und kleine Wellen leicht an den Strand plätschern, kann man an Sandstränden Bernsteine zwischen Holzteilchen, Seegras und Miesmuscheln finden. Bevorzugte Bernsteinstrände sind die Westküsten östlich von Markgrafenheide, der Weststrand von Darß, Prerow und Hiddensee. Die Einheimischen lassen sich natürlich nicht gern in die Karten sehen. Sie traben nach bernsteinreichen Wetterlagen früh morgens schon bei Dunkelheit mit Taschenlampen an den Strand. Einige stehen auch mit Wathosen und Keschern in der Brandung und versuchen dort ihr Glück. Früher gelangte das „Gold der Ostsee" durch das weitverzweigte Netz des Tauschhandels über ganz Europa (Bernsteinstraße).
Die wichtigsten Bernsteinvorkommen an der Ostsee befinden sich im Samland in der russischen Exklave Kaliningrad. Dort werden sie aus dem Mergel im Tagebau, meistens in kleinen Parzellen, abgebaut. Hier sollte man nicht versuchen selbst zu sammeln, denn einige Einheimische leben davon. Neugierige sind hier nicht gern gesehen.

Tipps zum Mitmachen

Das Gold der Ostsee

- Bernstein ist leichter und weicher als Glas – das unterscheidet ihn sicher von Bierflaschenscherben.
- Bernstein brennt mit leicht bläulicher Flamme (Bernstein = Brennstein!)
- Bernstein kann man mit feinem Poliermittel selbst schleifen.
- Zum Bohren der Löcher für Ketten oder Schnüre verwendet man nur feine Bohrer, nicht drücken!

Strandfunde: Fossilien in Fülle

Neptuns grüner Garten

Auch wenn es so heißt: Seegras ist kein direkter Verwandter der Zierrasen- und Futtergräser. Es ist auch keine Meeresalge, sondern eine echte Blütenpflanze, die tatsächlich unter Wasser Blüten ausbildet. Seegras bildet im Flachwasser regelrechte Wiesen (was aus botanischer Sicht so allerdings nicht stimmt). Nun sollte der Schnorchler allerdings keine bunten Blütenwiesen erwarten, denn die Seegrasblüten sind unscheinbar, da sie ja keine Bienen anlocken müssen. Die Bestäubung erfolgt im Wasser, und den Transport des Pollens übernimmt die Strömung.

Seegraswiese (dunkle Flecke im Wasser) von höherer Warte; im Hintergrund Kap Arkona.

An Nord- und Ostsee kommen zwei Seegras-Arten vor. Das Echte Seegras (*Zostera marina*) entwickelt 3–9 mm breite, schmale und stets dreinervige Blätter mit geschlossenen Blattscheiden. Beim Zwerg-Seegras (*Zostera noltii*) sind die Blätter nur um 1 mm breit und meist einnervig. Zwerg-Seegras ist heute eher in der Nordsee und das Echtes Seegras in der Ostsee verbreitet. Beide Arten wachsen auf Sand- und Schlickboden der inneren und äußeren Küstengewässer. Dank seines weit verzweigten Wurzelgeflechtes ist es die einzige Blütenpflanze des Salzwassers, die auch wellenexponierte Außenküsten erfolgreich besiedeln kann.

Gefräßige Amöbe

An der Nordsee kommen beide Seegrasarten entlang der gesamten Küste im Wattenmeer vor, meistens allerdings nur noch in kleinen Beständen. Von den ursprünglich auch hier weit verbreiteten Seegraswiesen des Flachwassers ist wenig übrig geblieben. Zu Beginn der 1930er Jahre befiel eine pflanzenfressende, aus Nordamerika eingeschleppte Amöbe (*Labyrinthula zosterae*) die Seegrasbestände. Die Amöbe greift an der empfindlichsten Stelle der Pflanze an, indem sie die photosynthetische Effizienz reduziert. In den Wattgebieten der niedersächsischen Küste registrierten die Meeresbiologen seit den 1970er Jahren einen Bestandsrückgang von 35 auf 8 km^2. Die Hauptvorkommen des Echten Seegrases befinden sich im Gebiet der Nordfriesischen Inseln. Das Zwergseegras besiedelt dagegen häufiger die südliche Nordseeküste.
Die Bestände im Brackwasser der Ostsee hingegen wurden nicht angegriffen. Hier dringt Seegras östlich bis zu den Åland-Inseln vor und bildet ausgedehnte Unterwasser-Wiesen zwischen 1 und 6 m (stellenweise bis 11 m) Wassertiefe (Hiddensee, Rerik).

Andere Unterwasserwiesen

In den weniger exponierten Bodden und Haffen der Ostsee findet sich eine Reihe weiterer Unterwasserblütenpflanzen, die ebenfalls dichte Wiesen bilden und meistens auch als Seegraswiesen bezeichnet werden. Diese Arten, die aus dem Süßwasser in das Brackwasser eindringen, müssen ihre Blüten an die Oberfläche bringen, damit sie durch Insekten bestäubt werden. Sie besiedeln daher nur Flachwasserzonen bis zu 2 m, einige auch bis 4 m Wassertiefe. Zu erwähnen sind hier die Meersalden (*Ruppia*-Arten), das Kammlaichkraut (*Potamogeton pectinatus*) und der Teichfaden (*Zannichellia palustris*). Unerwartet erblickt man Ende Juli/August in den Bodden um Rügen in geschützten Buchten die prächtigen, leuchtend weißen Blüteninseln vom Brackwasser-Hahnenfuß (*Ranunculus baudotii*).

Beliebter Wohnort

So wie auch eine Bergwiese von allerlei Kleintieren bewohnt ist, nutzen zahlreiche wirbellose Meerestiere und Fische die Seegraswiesen als Wohn- und Zufluchtsort.

Geradezu paradiesische Verhältnisse finden sie in den Seegraswiesen vor: Junge Miesmuscheln setzen sich an den Blättern fest, kleine Wattschnecken beweiden sie, Flohkrebse und Meeresasseln klettern an den Blättern. An den weit in das Wasser reichenden oberen Enden der Seegrasblätter haben sich kleine Polypenstöcke, Moostierchen und Seepocken festgesetzt. Heringe und Hornhechte legen ihre Eier an den Blättern ab. Stichlinge, Seestichlinge und Schlangennadeln sitzen gut getarnt an den Blättern und fangen Schwebegarnelen. Eventuell sieht man auch einen Aal, einen Seeskorpion oder eine Schwarzgrundel. Die Strandkrabbe hält sich ebenfalls gern im Schutz des Seegrases auf.

Kein nutzloser Abfall

Nach Stürmen sammeln sich die dunkelgrünen Seegrasblätter im Spülsaum und werden bis zur Verwesung restlos genutzt. Gänse und Enten fressen die Blätter, Austernfischer und andere Watvögel suchen Muscheln und Krebse. In frühen Verwesungsstadien legen Strandfliegen ihre Eier am Seegras ab. Die Larven sorgen für die Beschleunigung der Zersetzung und dienen wiederum vielen Watvögeln als Nahrung. Der verwesende Rest wird von Sand überdeckt. Meersenf, Strandmelden und andere Strandarten siedeln sich auf diesen nährstoffreichen Komposthaufen an. Bei Kurverwaltungen und auch bei Badegästen ist angeschwemmtes Seegras dagegen unbeliebt, weil es nicht gut riecht. Der nächste Sturm wird es abtransportieren und dem Ökosystem Meer erhalten.

Ein Bett aus Seegras?

Noch vor wenigen Jahrzehnten wurde Seegras in den Fischerdörfern an der Ostsee als Isoliermaterial für die Häuser und als Matratzenfüllstoff genutzt. Nach heftigen Stürmen türmen sich bis zu 1 m hohe Strandwälle aus Seegras am Spülsaum. Die Anwohner breiteten das angespülte Seegras am Strand zum Trocknen aus und bewahrten es wie Stroh in Scheunen auf. Kunststoffe verdrängten dieses natürliche Füll- und Dämmungsmittel. Heute erlebt man eine Renaissance der ökologisch verträglichen und schadstoffgeprüften Naturmatratzen, denn Seegras verrottet nicht so leicht. Zudem fühlen sich Plagegeister wie Mäuse oder die allergen wirkenden Staubmilben in „modernen“ nächtlichen Unterlagen aus diversen Kunstfasern entschieden wohler als im salzigen Seegras.

Seegras mengenweise im Angespül des Strelasundes.

Tipps zum Mitmachen

Safari zwischen Seegrasblättern

- Kleine Seegraswiesen findet man zwischen den Blöcken im Flachwasser vor Steilküsten (Groß Klütz Höved, Halbinsel Wittow). Ausgedehnte Seegraswiesen befinden sich u.a. vor Sandstränden in der Wohlenberger Wiek und in der Prerower Bucht (Zingst).
- Zu beobachten sind die wogenden grünen Unterwasserwiesen mit Aufwuchs von Moostierchen, Polypen und Seepocken, am Boden Strandkrabben, an den Halmen Wattschnecken und junge Miesmuscheln. Stichlinge, Seestichlinge, Schlangennadeln sowie – wenn man Glück hat – ein Aal oder Seeskorpion.
- Mit einer guten Handlupe die zarten Blattnerven der beiden Seegrasarten suchen und im Sommer auf Blüten achten.
- Frisch ausgeworfene Seegrasblätter nach Aufwuchsarten absuchen.
- Welche kleinen Meerestiere halten sich unter angespülten Seegrasbüscheln auf?

Felsoasen in der Sandwüste

Die deutschen Anteile an der Ostseeküste sind überwiegend Weichbodenbereiche mit Lockersediment. Stellenweise findet sich aber auch die etwas andere Küste mit Felsen oder zumindest mit Findlingen, welche die Gletscher aus dem skandinavischen Hochgebirge als erratische Blöcke mitgebracht haben. Der Abtrag der Steilufer legt sie frei. Dann liegen sie aber nicht einfach nur so da, sondern erweisen sich als ungemein interessante Kleinlebensräume.

Ein kahler Findling ist ebenso wie eine Felsflanke eine klare Einladung an alle möglichen Hartsubstratbesiedler. Rasch werden sie zum Kristallisationspunkt für bemerkenswert üppige Aufwuchslebensgemeinschaften. Zunächst siedeln sich nur Tiere an, dann aber auch Pflanzen, die ihrerseits andere Tiere nach sich ziehen. Schließlich entsteht ein dichter Dschungel voller Lücken und guter Nahrungsbedingungen, in dem sich auch zahlreiche kleine Krebse, Schnecken und Meereswürmer verstecken, die wiederum kleine Fische anlocken. Steine im Wellenbereich am Strand sind ein Mikrokosmos.

Bewachsener Findling

Aufsässige Heftlinge

Auf den großen Steinen im Flachwasser fallen zunächst die großen Braunalgen auf, die man nach einem norwegischen Wort als Tange bezeichnet. Die wichtigste Art der Ostsee ist der Blasentang, bestens erkennbar an den paarig in die flachen Gabelbänder eingelassenen Gasblasen, die ihm im Wasser bojenartig Auftrieb verleihen. Großalgen haben keine Wurzeln wie Landpflanzen. Sie heften sich mit speziellen Haftorganen an das Gestein. Beim „Heftling“ Blasentang ist es eine große, rundliche Haftscheibe.
Ganze Tier- und Pflanzengruppen leben auf Felsen oder anderen Hartböden. Dabei sind sie durchaus nicht wählerisch: Ob es nun ein echter,

anstehender Fels ist oder Hafenbauten, Molen, Muschelschalen sowie Unterwasserpflanzen zur Verfügung stehen, ist letztlich gleichgültig. Um zum Anheftling zu werden, nutzen die Aufwuchstiere verschiedene Techniken: Miesmuscheln produzieren Byssusfäden (S. 94), Seepocken konstruieren mit Hilfe einer speziellen Zementdrüse ein Gehäuse aus Kalkplatten, das sie nicht mehr verlassen können. Schwämme, Polypen, Seenelken, Meeresborstenwürmer wie der Posthornwurm, Manteltiere (Seescheiden) und Moostierchen sind typische Siedler auf Hartböden.

Der Tangbewuchs besteht aus spannenden Kleinwelten.

Lebenslänglich sitzen

Über ortsfest verwurzelte Pflanzen wundert sich niemand – sie stellen den Normalfall dar. Weitaus ungewöhnlicher sind da schon die Tiere, die sich von ihrem einmal gewählten Sitzplatz nicht mehr trennen. Zur Vermehrung geben sie ihre Geschlechtsprodukte in das freie Wasser. Als Plankton werden die Jugendstadien mit Strömungen in andere Meeresgebiete transportiert. Wenn die Larve einen geeigneten Platz gefunden hat, wandelt sie sich in das festsitzende Tier um.

Da die Aufwuchsarten fest an den Felsen oder anderen Untergrund geheftet sind, können sie logischerweise nicht auf die Jagd gehen. Die Beute muss zu ihnen kommen. Ideal sind dann strömungsreiche Plätze, an denen viel Plankton und fressbares Material aus abgestorbenen Pflanzen (Detritus) an ihnen vorbei driftet. Dann filtrieren sie das Wasser mit Keschern (Seepocken) oder erzeugen einen Atemwasserstrom (Muscheln), der Fressbares herausfiltert. Nesseltiere strecken ihre Fangarme in das Freiwasser und fangen mit Gift- und Klebzellen kleine Krebse, die sie dann zur Mundöffnung führen und fressen.

Stundenlang die Klappe halten

Zu den eigenartigsten Sessilen gehören zweifellos die Seepocken. Die häufigste Art der Ostsee ist die Brackwasserseepocke (*Balanus improvisus*). Sie dringt bis zu den Ålandinseln sowie in die Ästuare vor und besiedelt alle festen Unterlagen, darunter auch Pflanzen (Schilf), Muscheln und die Panzer von Taschenkrebsen.

Auch wenn es kaum zu erkennen ist: Seepocken sind Krebse. Ihre frei im Plankton schwimmende Larve ist tatsächlich ein Nauplius, eine typische Krebslarve. Nach dem Festsetzen auf einem geeigneten festen Boden und im bewegten Wasserkörper setzt ein zweiter Bildungsgang ein: Um den Körper legt sie Kalkplättchen an, deren obere sich öffnen lassen. Durch diese Öffnung strecken sie die Fangarme aus und filtrieren das Wasser mit winkenden Bewegungen nach Fressbarem durch. Mit verschlossenen Deckeln können sie stunden- und fallweise sogar tagelang bei Niedrigwasser oberhalb der Wasserlinie überleben. So haben sie sich an einen extremen Lebensraum der Brandungszone angepasst, den sie nahezu konkurrenzlos besiedeln.

Die Zottige Seerinde, ein Vertreter der Moostierchen, bildet auf Steinen und Tang flächige Kolonien.

Tipps zum Mitmachen

Auch auf Kleinigkeiten achten

- Der Aufwuchs auf Steinen und Pflanzen im Strandbereich teilt sich den tastenden Fingern oft nur als schleimiger Belag mit. Die nähere Inspektion mit Lupe (oder Mikroskop) verspricht indessen grandiose Überraschungen …
- Hartsubstratstück (Holz, Muschelschale) mit Seepockenaufwuchs in ein Glas mit Meerwasser legen und die Filtrationsbewegung der Rankenfüße mit der Lupe verfolgen.
- Moostierchenkolonien sind nicht minder faszinierend. Ihre filigrane Konstruktion zeigt sich allerdings nur in der kleinen Dimension.

Fliegende Fischer

Auf Blöcken, Buhnen oder Sandbänken stehen große schwarze Vögel mit weit ausgebreiteten Flügeln. Es sind Kormorane, die jetzt nach ihrer morgendlichen Unterwasserjagd auf Fische ihr Gefieder trocknen. Zielstrebig ziehen sie in langen Ketten von ihren Rastplätzen zum Jagdgebiet und zurück. Selten sitzen sie einzeln, meistens in Gruppen von wenigen bis zu einigen tausend Tieren.

Mit ihrer aufrechten Haltung und schwarz-weißen Färbung ähneln die Kormorane ein wenig den Pinguinen, mit denen sie jedoch überhaupt nicht verwandt sind. Sie haben eine Körperlänge von 77–94 cm und eine Flügelspannweite von 121–149 cm. Der gelb-schwarze Schnabel endet mit einem kräftigen Haken. Im Prachtkleid ist das Gefieder überwiegend schwarz, bei Sonnenschein glänzen die Federn metallisch grün oder bläulich.

Fisch und Fisch und Fisch…

Kormorane ernähren sich vorrangig von Fisch. Der tägliche Nahrungsbedarf liegt bei etwa 300 Gramm. Nur während der dreimonatigen Brutzeit, wenn die Elterntiere ihre Jungen versorgen, kann der Bedarf auch auf 500 Gramm am Tag steigen. Kormorane sind äußerst opportunistische Jäger. Sie fangen nicht selektiv, sondern fressen, was sie erbeuten können – und zwar im Mengenverhältnis, wie es das Gewässer hergibt. Tauchend jagen sie Fische, die häufig und am leichtesten verfügbar sind.
Die normale Tauchdauer beträgt 15–60 s in Tiefen von üblicherweise 1–3 m (gelegentlich bis 16 m). Die Fische packen sie mit dem Hakenschnabel hinter den Kiemen.

Plage oder Sündenbock?

Als Nahrungskonkurrenten des Menschen, der für sich den alleinigen Anspruch auf Fische erhebt, wurden Kormorane zusammen mit allen anderen fischfressenden Arten wie Fischadler, Graureiher, Eisvogel, Fischotter und Robben zu Beginn des vergangenen Jahrhunderts gnadenlos und fast erfolgreich bis zur Ausrottung verfolgt. In Deutschland bestanden die letzten Kormoran-Brutkolonien in Schleswig-Holstein bis 1905 und in Niedersachsen bis 1919. In Mecklenburg war schon im

Jahr 1900 keine Brutkolonie mehr bekannt, während in Vorpommern kleinere Gruppen überlebten. Im mitteleuropäischen Binnenland war die Art zeitweise fast ausgerottet.
Erst in den 1960er Jahren nahm sich der Naturschutz dieser zur Ausrottung freigegebenen Arten an und stellte sie unter Schutz. Durch intensive Maßnahmen konnte sich der Bestand des Kormorans und auch fast aller übrigen Arten in den letzten Jahrzehnten deutlich erholen. Im Jahre 2009 gab es in Deutschland wieder 24000 Brutpaare.

Reiches Angebot

Die Schutzmaßnahmen waren vor allem deswegen so erfolgreich, weil sie von günstigen Nahrungsbedingungen begleitet wurden. Die Eutrophierung der Gewässer führte zu einem Anstieg von Weißfischarten wie Plötze und Brassen, Barschen wie Kaulbarsch und Flussbarsch sowie von Stichlingen – heute in der Ostsee die wichtigsten Beutefische der Kormorane. Im Greifswalder Bodden nimmt im Frühjahr der Hering einen großen Anteil der Nahrung ein. Große Heringsschwärme dringen zum Laichen in den Bodden ein und bieten dann eine häufige, einfach erreichbare Nahrungsquelle. Neuere Beobachtungen belegen, dass Kormorane auch Meereswürmer fressen.

Kormorane breiten nach dem Tauchgang die Flügel zum Trocknen aus.

Seeadler attackiert eine Kormorankolonie.

Gejagter Jäger

Wer frisst denn nun Kormorane? Immer wieder sieht man Seeadler auf den höchsten Ästen der Kormorankolonien scheinbar rasten. Darauf reagieren die Kormorane zunächst recht gelassen. Erst wenn der Adler auffliegt, kommt Bewegung in die Kolonie. Aber dann ist es für ein Opfer, das der Adler sich ausgeguckt hat, meist schon zu spät. Seeadler, deren Bestand in Mecklenburg-Vorpommern ebenfalls im Aufwärtstrend liegt, haben Kormorane in ihr Beutespektrum aufgenommen. Entsprechende Beobachtungen liegen auch von Habichten vor, die sich Jungtiere aus Kormorankolonien holen. Auch Säugetiere versuchen, aus den Kolonien Eier oder Jungtiere zu erbeuten. Unter Verdacht stehen besonders die enorm klettergewandten Waschbären.

Tipps zum Mitmachen

Kormorane im Visier

- Gut einsehbare Brutkolonien: NSG Peenemünde, Niederhof (Strelasund), NSG Anklamer Stadtbruch
- Eine Reise mit dem Fahrgastschiff vom Fischerort Freest führt zur Insel Ruden. Hier befindet sich auf der Mole „Gräte" einer der größten Kormoran-Rastplätze an der deutschen Ostseeküste.

Die Wichtigsten der Reihe nach

Dänisches Löffelkraut ***Cochlearia danica***
Bildet weiße Blüten-Teppiche in Seevogelkolonien, Blütezeit 4–5. Profitiert vom Streusalzeinsatz an den Autobahnen vor, die von den Küsten in den Süden führen.

Englisches Löffelkraut, ***Cochlearia anglica***
Zweijährige, auffällige dichte, bis 30 cm hohe Pflanze, Grundblätter keilförmig, schneeweiße Kreuzblüten. Blütezeit 5–6. Im Brackwasserröhricht.

Strand-Platterbse ***Lathyrus japonicus***
Dünenpflanze, mehrjährige kriechende Pflanze, gefiederte Blätter, rosa bis lilapurpurne Schmetterlingsblüten. Blütezeit 6–8. Salzhaff, Halbinsel Wustrow.

Dorniger Hauhechel ***Ononis spinosa***
10–80 cm hoher Halbstrauch mit holzigen, dornigen Stängeln. Salzhaff. Blütezeit 4–9, 1–3 um 2 cm lange rosarote oder hellviolette Schmetterlingsblüten.

Sanddorn ***Hippophae rhamnoides***
Zweihäusiger Strauch oder kleiner Baum, bis zu 3 m hoch. Zweige verdornt. Blätter schmal-linealisch, kurz gestielt, oberseits graugrün, unterseits silbrig-weiß, mit schuppenförmigen Sternhaaren. Blütezeit 3–5. In Dünengebieten der Nord- und Ostsee; häufig angepflanzt, außerdem auf den Schotterterrassen alpiner Flüsse.

Laugenblume ***Cotula coronopifolia***
Einjährig, krautig. Leuchtend gelbe Blüten, Blütezeit 7–8. Dichte Bestände am Greifswalder Bodden. Wahrscheinlich aus Afrika eingewandert.

Echter Eibisch ***Althaea officinalis***
Aufrechte, mehrjährige Pflanze, Blätter und Stängel samtfilzig, bis zu 120 cm hoch. Große weiß-zartlila Blüten. Blütezeit 7–8. An der Wismarbucht häufig.

Erdbeer-Klee ***Trifolium fragiferum***
Ausdauernd, kriecht an den höchstgelegenen Plätzen der Salzbinsengesellschaft. Die runden, kopfigen, etwa 1 cm dicken Blütenstände enthalten 10–30 Einzelblüten.

Strand-Segge ***Carex extensa***
Mehrjährig, graugrün, bis 40 cm hoch, Stängel stumpf 3-kantig, Blütezeit 6–8. Von Brackwasser beeinflusste Senken und Salzsümpfe, verträgt keine intensive Beweidung. Botanische Besonderheit der Wismarbucht.

Gewöhnliche Strandsimse
Bolboschoenus maritimus
Starrer, dreikantiger Stängel, 30–120 (150) cm hoch, Blütenstand kopfig. Blütezeit 6–8. Bei fehlender Beweidung entwickeln sich in salzbeeinflussten Nassbereichen dichte Bestände.

Tataren-Lattich ***Lactuca tatarica***
Mehrjährig, bis 80 cm hoch, Blätter sitzend, etwas zipflig. Hüllblätter purpurn punktiert. Blütezeit 7–8. Spülsäume, salzwasserbeeinflusste Schuttstellen, auch in Dünen.

Große Kahnschnecke ***Theodoxus fluviatilis***
Bis 1 cm lange, halbeiförmige, schwarz-weiß gefleckte Süßwasserschnecke. Lebt an Pflanzen und Steinen. Salzhaff, Greifswalder Bodden, östlich in der offenen Ostsee.

Komma-Zwergschnecke ***Rissoa parva***
Bis 5 mm hohe, gelbliche und zumindest im letzten Umgang dunkelbraun gebänderte Kleinschnecke, lebt auf Rot- und Braunalgen, auch in Seegraswiesen; weidet dort den Kieselalgenrasen von den Blattspreiten ab. Von der unteren Gezeitenzone bis in 15 m Tiefe.

Pergamentrissoe ***Rissoa membranacea***
Spitzkeglige, durchsichtige, blassgelbe Schnecke, 1 cm Höhe. Lebt im Pflanzengürtel auf Algen und Unterwasserblütenpflanzen.

Kopenhagener Herzmuschel ***Parvicardium hauniense***
Bis 8 mm große, schwarzbraune Muschel, klettert mit Hilfe der Byssusfäden an Pflanzen. Im Brackwasser der Ostsee, dichte Bestände im Salzhaff und einigen Bodden um Rügen.

Hering ***Clupea harengus***
Ostseehering ist kleiner und weniger fett als atlantischer Hering. Der Baltische Frühjahrshering zieht zum Laichen in den pflanzenreichen Greifswalder Bodden.

Hornhecht ***Belone belone***
Aalähnlicher Fisch mit schnabelartig verlängertem Maul, mit grünen Gräten (ungefährlich). Hornhechte ziehen in großen Schwärmen ab April/Mai zum Laichen in die Bodden.

Flunder ***Platichthys flesus***
Die Flunder bevorzugt Brackwasser, häufigster Plattfisch der Bodden. Augen bei 2/3 auf der rechten, bei 1/3 links. Laichen von Februar bis Mai.

Seestichling ***Spinachia spinachia***
Schlanker, bis 15 cm langer olivbrauner Fisch. Lebt in Seegraswiesen und ernährt sich von Krebstieren. Baut für die Brut Nester.

Seeskorpion ***Myoxocephalus scorpius***
In der Ostsee etwa 20 cm lang, großer Kopf und kleiner Körper. Männchen während der Paarungszeit sehr farbenprächtig rot, weiß, schwarz. Stacheln am Kiemendeckel (Vorsicht!)

Seehase ***Cyclopterus lumpus***
Dunkelgrau-bläulich, Männchen zur Paarungszeit mit kräftig rotem Bauch. Bauchflossen zur Saugscheibe umgebildet, mit der sie sich an Steine heften können.

Eiderente ***Somateria mollissima***
Große Ente mit keilförmigem, zum Schnabel ablaufenden Kopf, auffallender Geschlechtsdimorphismus, tauchen nach Wirbellosen. Im Winter auch an der Ostsee.

Eisente ***Clangula hyemalis***
Kleine schwarz-weiße Ente, auffallend langer Schwanz. Häufigster Wintergast an der Ostseeküste von M-V, Greifswalder Bodden, selten Wismarbucht. Brütet in der Tundra.

Bergente ***Aythya marila***
Kleine Tauchente, weißer Bauch, Kopf und Brust schwarz. Stark rückläufige Bestände. Bedeutender Schlafplatz in der Wismarbucht, Sept.-Mai. Brütet in der Tundra.

Mittelsäger ***Mergus serrator***
Mittelgroßer Säger, kräftig roter Schnabel und Beine, Männchen schwarz-weiß, Weibchen braun. Brütet an der Ostsee und den Bodden. Fischfresser.

Zwergmöwe ***Larus minutus***
Kleine Möwe, ähnlich der Lachmöwe. Durchzügler, an Außenküste, Bodden und küstennahe Seen. Brutgebiet östlich ab Baltikum. Häufig um Rügen.

Raubseeschwalbe ***Sterna caspia***
Größte Seeschwalbe, kräftiger, roter Schnabel. Am lauten, krächzenden Ruf erkennbar. Rastet auf Windwatten an der Küste, allgemein selten, um Rügen häufiger.

Sturmmöwe ***Larus canus***
Häufigste brütende Möwe an der Ostsee. Größte Kolonie an der deutschen Ostseeküste auf der Insel Langenwerder/Poel (2500 Paare). Insgesamt rückläufiger Bestand.

Silbermöwe ***Larus argentatus***
Bis 66 cm; kräftige und am wenigsten scheue Möwe; oft auch an Häfen und Stränden; ruft laut und eindringlich. Allesfresser, folgt auch den Kuttern.

Felsen, Molen, Hafenbecken

Wie Felsenfestes wattweich wird

Nur etwa 1,5 km² groß ist die Insel Helgoland, auf jeder Nordseekarte lediglich ein Punk, aber dennoch nicht mit einem Tagesausflug abzuhaken. Trotz unentwegter Beteuerung aus der Touristikbranche ist Helgoland keine Hochseeinsel. Nur rund 45 km trennen die Insel vom restlichen Schleswig-Holstein, und etwa 60 km sind es bis nach Cuxhaven an der Elbmündung. Unverwechselbar ist der rote Felsklotz dennoch: Als einzige Insel der südlichen Nordsee ist Helgoland aus solidem Fels aufgebaut, der allerdings überall bröselt – Geomorphodynamik zum Anschauen.

Helgoländer Klippe: Hohlkehle am Klippenfuß

Während die nordfriesischen Inseln von Sturmfluten heftig benagte Reste des untergegangenen Festlandes und die west- und ostfriesische Inselserie aus geologisch ebenso jungen Sandaufspülungen hervorgingen, ist Helgoland gleichsam eine Beule aus Buntsandstein: Der bis annähernd 60 m über die mittlere Wasserlinie aufragende Fels ist in seinen mittleren Partien rund 200 Millionen Jahre alt. Ein breiter Grabenbruch durchpflügt diesen Teil des Nordseebodens von SW nach NO. Krustenkräfte und ein aufquellender permischer Salzstock hatten leichtes Spiel und konnten im mittleren Tertiär den gesamten Schichtstoß vom unteren Buntsandstein bis zur oberen Kreide aufbeulen.

Nordsee auf Kollisionskurs

Zwar haben auch die Eiszeiten auf und um Helgoland ihre Spuren hinterlassen, aber erst die nacheiszeitliche Nordsee schuf das heutige Klippengesicht. Die senkrecht aufragende Steilklippe ist der klägliche Rest eines Inselkörpers, der noch vor 1 000 Jahren fast doppelt so groß war. Ein Blick vom 2,8 km langen Rundweg am Klippensaum auf dem Oberland enthüllt die Ergebnisse der Erosion – aus der einst unförmigen Buntsandsteinbeule haben Wellen, Wind und Witterung eindrucksvolle Schaustücke mit Felsturm, Halbpfeilern, Nischen, Brandungstor und Rundbögen modelliert. Die Nordsee würde hier auch weiterhin an der Klippenmorphologie arbeiten, hätte sie nur die Gelegenheit dazu, denn heute ist die Insel rundum von einer mächtigen Uferschutzmauer mit langen zusätzlichen Molen eingefasst. Der nach wie vor abbröckelnde Buntsandstein staut sich jetzt in Schuttfächern hinter der Schutzmauer an, weil die Brandung das Gestein nun nicht mehr wegräumen und zermahlen kann. Nur an einem etwa 600 m langen Stück am Nordostufer fehlt die Schutzmauer. Wie von schweren Hammerschlägen gelöst, rieselt und bröselt hier unaufhörlich Gestein herunter, manchmal auch in tonnenschweren Blöcken – so auch im Februar 1974, als das Helgoländer Wahrzeichen, der Felsturm „Lange Anna“ (helgoländisch: Nathurnstack) an der Nordwestspitze buchstäblich über Nacht eine kleinere Nachbarin bekam. Überall an den Westklippen haben sich individuenreiche und lautstarke Seevogelkolonien angesiedelt (S. 200).

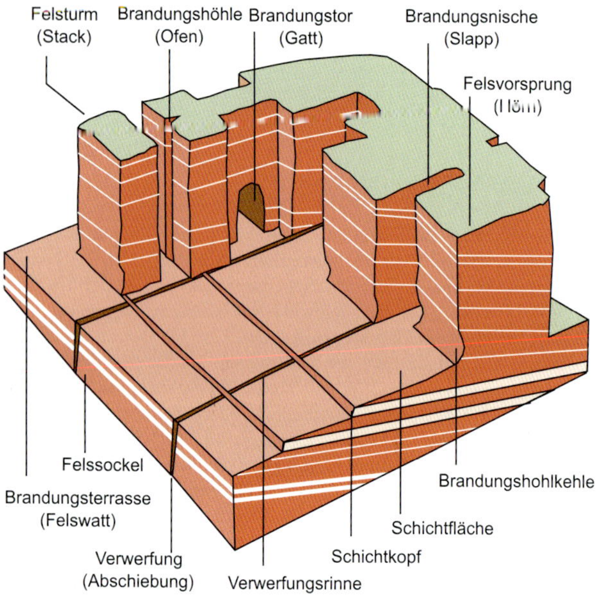

Erosionsformen am Beispiel der Felsinsel Helgoland

Rasierte Schichtköpfe

Ein Bild von der ursprünglichen Größe des roten Felssockels gewinnt man bei Ebbe: Zur Niedrigwasserzeit fällt im Westen und Nordosten ein nur wenig geneigtes Felswatt frei. Da die Buntsandsteinschichten, wie an der Westklippe deutlich zu sehen ist, in südöstliche Richtung geneigt sind, stehen auf der Brandungsterrasse überall die Schichtköpfe der gekappten Gesteinsschichten an. Sie tragen eine für die südliche Nordsee einzigartige Tangvegetation (S. 205). Zwischen den Schichtköpfen erstrecken sich tiefere Erosionsrinnen, weil die verschiedenen Schichtglieder des Buntsandstein ungleich erosionsanfällig sind. Bei Niedrigwasser erscheint das Bild der Brandungsterrasse daher bemerkenswert zerrissen und ungleichförmig. Obwohl sie immer unter Wasserbedeckung bleibt, kann man die Außenkante der Brandungsterrasse dennoch sehen: Hier brechen sich schon bei mäßigem West- oder Nordwest die Wellenzüge. Sie markieren ungefähr den Verlauf des Grabenbruchs, dem der Buntsandsteinklotz letztlich seinen Aufstieg aus der Tiefe verdankt.

Reste einer Doppelinsel

Mit dem triassischen Buntsandsteinpaket wurden im Tertiär auch dessen jüngere Deckschichten angehoben und schräg gestellt: Zum Helgoländer Felssockel gehören also auch noch hellgrauer Muschelkalk und weiße Schreibkreide. Keuper als Schlussglied der Trias und die gesamte Schichtenfolge des Jura fehlen hier allerdings – sie stehen, wie man aus Bohrungen weiß, erst im weiteren Umfeld unter dem heutigen Nordseeboden an.

Die hellen Muschelkalk- und Kreideklippen bildeten etwa bis Ende des 17. Jahrhunderts eine zweite Helgoländer Felsinsel. Die rote neben der ungefähr gleich großen weißen Insel muss ein echtes Highlight gewesen sein. Jahrzehntelanger Steinbruchbetrieb für Bauten in Hamburg und anderen Küstenstädten ließen dieses Naturmonument jedoch weitgehend verschwinden. Die kläglichen Reste gingen 1721/22 in einer schweren Sturmflut unter.

Geblieben ist etwa 600 m östlich der roten Hauptinsel nur das Fundament aus Muschelkalk und Kreide, die Helgoländer Düne. Heute ist dieses auch nur ca. 1 km^2 große Gebilde kaum mehr als ein von Betonmauern und Tetrapodenwällen gesicherter Sandkasten. Die langen Strände und rückwärtigen Sandfluren können zwar die anthropogene Überformung nicht verbergen, bieten aber auf ihre Weise dennoch ein erlebenswertes Stück Nordseenatur. Nur ein kräftiger Südostwind bei Springtidenniedrigwasser enthüllt Fundament und ursprüngliche Größe der Düneninsel: Schaumkronen auf den Wogen zeichnen dann Verlauf und Ausdehnung der weit nach Nordwest ausgreifenden untermeerischen Muschelkalk- und Kreideklippen nach.

Tipps zum Mitmachen

Weit mehr als nur ein Fuselfelsen

- Helgoland bietet jenseits seiner Ladenzeilen einzigartige Nordseenatur.
- Unbedingt empfehlenswert ist ein geführter Besuch der Vogelwarte Helgoland (www.vogelwarte-helgoland.de).
- Die Teilnahme an einer ornithologischen Führung durch den Verein Jordsand (www.jordsand.de) ermöglicht weitere faszinierende Beobachtungen.
- Interessante Informationen zur Avifauna bietet die Ornithologische Arbeitsgemeinschaft Helgoland (www.OAG-Helgoland.de).
- Das Museum Helgoland birgt eine beachtliche Fossiliensammlung.
- Weitere naturkundliche Führungen im Inselraum unter www. helgoland.de.

Fest verteilte Sitzplätze

Der Anblick einer buntblumigen Bergwiese entlockt nicht nur naiven Gemütern Lautäußerungen inniger Verzückung. Der zweite Blick orientiert darüber, dass sich dem Auge hier ein durchweg regelloses Mosaik aus Gräsern, Kräutern, Hochstauden, Strauchgehölzen und Jungbäumen darbietet. Die Verteilung der einzelnen Pflanzen erscheint gänzlich zufällig. Wachsen, gedeihen und blühen darf, wer zuerst eintraf und genügend Kraftreserven besaß, die Konkurrenz in die Schranken zu verweisen. Am Küstensaum stellen sich die Dinge grundlegend anders dar.

Gezeitenküsten sind echte amphibische Lebensräume, weil sie im täglichen Rhythmus von Ebbe und Flut wechselweise dem Meer und dem Festland angehören. Obwohl die Küste der Grenzsaum ist, lässt sich der ganz genaue Grenzverlauf zwischen Meer und Festland nicht exakt angeben: Die rastlosen Tidenwechsel stecken das Terrain zwischen Land und Wasser in jedem Augenblick neu ab. Was zur Ebbezeit ein Lebensraum mit vielen Eigenschaften eines typischen Festlandbiotops war, wandelt die nächste auflaufende Flut wieder in einen typischen Unterwasserstandort.

Zweimal an die Luft gesetzt

In einer so wechselhaften Umwelt ist das Leben nicht einfach. Folglich kommen in der Gezeitenzone überwiegend ökologische Spezialisten vor, die sich trickreich und im Prinzip äußerst bewundernswert darauf eingerichtet haben, im täglichen Tidenrhythmus gleich zweimal an die trockene Luft gesetzt zu werden. Vom angrenzenden Festland wagen sich dagegen kaum einmal Arten in dieses schwierige Milieu vor. Bis in die oberste Spritzwasserzone besteht die organismische Besatzung von Felsen, Steinen oder anderen Festmaterialien des Gezeitenraums nur aus echten Meeresorganismen. Auch aus der Dauerflutzone wird man hier so leicht keinen Vertreter finden.

In Gürteln und Streifen

Im Unterschied zu Wiese oder Waldstück findet man an einer felsigen Gezeitenküste immer ungleich klarere Verhältnisse. Hier treten die den Gesamtaspekt bestimmenden Organismen nicht in unübersichtlichen

Mustern mit Zufallsverteilung auf, sondern nehmen klar definierte und horizontal säuberlich gestaffelte Gürtel oder Bänder ein. Es ist fast so wie im Theater: Bestimmte Gesellschaftsschichten findet man nur im Parkett, andere hingegen ausnahmslos auf den höheren Rängen. Als rigorose Platzanweiser wirken die Summeneffekte bestimmter Umweltfaktoren. Da die Gezeitenorganismen von der Niedrigwasserlinie bis zur Flutmarke in einer europaweit einheitlichen und offenbar ziemlich festgelegten Reihenfolge auftreten, müssen wohl die Gezeitenwasserstände ursächlich beteiligt sein.

Die Tide ist an allem schuld

Der Zeitablauf einer Tide zeigt, dass zwischen oben und unten in der Wechselflutzone (Eulitoral) tatsächlich gewaltige Unterschiede bestehen. Ein Lebewesen nahe der Niedrigwasserlinie schaut nur für relativ kurze Zeit aus dem Wasser – kaum hat die Ebbe seinen Standort freigegeben, geht schon die nächste Flut wieder darüber hinweg. Am anderen Ende, im Bereich der Hochwassermarken sitzen die dort dauerhaft siedelnden Lebewesen dagegen erheblich länger auf dem Trockenen. Wenn die Tide ihren Sitzplatz geräumt hat, können bis zur nächsten Flutdusche sogar mehr als 10 Stunden vergehen. Daraus wird deutlich, dass die weiter oben vorkommenden Arten vor allem mit dem drohenden Wasserverlust während der Ebbe fertig werden müssen. Weil die verschiedenen Organismenarten diese spezielle Anforderung unterschiedlich gut und offensichtlich verschieden effizient bewältigen, ergibt sich in der Gezeitenzone durch Vorsortierung somit fast automatisch eine bestimmte Vertikalverteilung.

Standort mit Sitzordnung

Besonders auffällig sind an einer Hartboden- bzw. Felsküste die etagenförmig angeordneten Tanggürtel. Sie stellen sich auch auf Buhnen, Molen, Spundwänden oder ähnlichen wasserbaulichen Hartstrukturen innerhalb des Gezeitenbereichs ein. Auf die zuoberst siedelnden Seepocken – an ihrem Sitzplatz kann man zuverlässig den durchschnittlichen Hochwasserstand auch während der Ebbe ablesen – folgt meist ein Band aus feinen grasgrünen Fadenalgen, an die sich nach unten die Bänder olivgrüner Brauntange anschließen. Die Artenreihung ist vom Nordkap bis nach Gibraltar überall die gleiche und findet sich so mit fast allen Arten auch an der nordamerikanischen Ostküste. Die Spritzwasserzone

Algenzonierung an einer Spundwand

dominiert der schmalbandige Rinnentang. Dann schließt sich das Siedlungsband mit Spiraltang an, gefolgt von Blasentang und Knotentang. In der unteren Gezeitenzone herrscht gewöhnlich der Sägetang vor.

Austrocknungs- oder trockenresistent

Alle diese derbledrigen Tange trocknen während der Ebbe kaum aus, weil sie das lebensnotwendige Wasser durch Kapillarkräfte äußerst raffiniert in ihren dickwandigen Geweben binden – sie sind austrocknungsresistent. Zwischen den dichten Tangbüscheln bleibt es daher auch während der Ebbe immer feucht. Daher können sich hier mit Kiemen atmende ortsbewegliche Tiere wie Strandkrabben, Strandschnecken und Meerasseln geradezu optimal geschützt aufhalten, weil sie nicht austrocknen. Einige Algen wie der Hauttang sind dagegen trockenresistent: Sie können während der Ebbe ihr gesamtes Wasser abgeben und liegen dann der Unterlage knistertrocken an. Der erste Wasserspritzer der auflaufenden Flut reicht aus, sie augenblicklich wieder aus der Trockenstarre zu lösen.

Grünalgen zwischen Seepocken

Natürlich sind am auffälligen Sitzplan innerhalb der Gezeitenzone auch noch ein paar weitere ökologisch wirksame Faktoren beteiligt, zum Beispiel die Konkurrenz der Arten untereinander (Fraßdruck) oder ihr Beharrungsvermögen gegenüber wild tosender Brandung.

Tipps zum Mitmachen

Immer schön der Reihe nach

- Braune Tangarten als charakteristische Leitarten der Gezeitenzone (vor allem die *Fucus*-Arten) unterscheiden lernen.
- Zonierungsfolge aus dem Felswatt mit dem Bewuchs einer Hafenmole o.ä. vergleichen.
- Brandungsoffene und eher geschützte Küsten(fels)abschnitte untersuchen und vergleichen.
- Zunehmende Länge der verschiedenen Tangarten von der oberen Gezeitenzone bis zur Niedrigwasserlinie beobachten und genauere Maße festhalten.

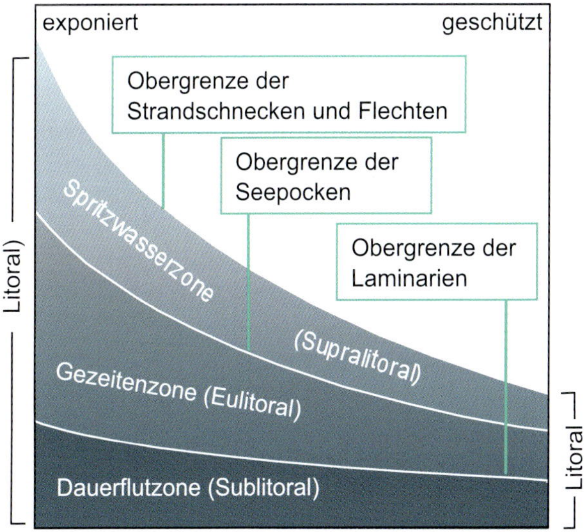

Die Verteilungsgrenzen hängen von der Brandungsbelastung ab.

Plakatives von der Klippe

Die eigenartige Zonierungsfolge einer Felsküste beginnt streng genommen nicht erst an der Hochwasserlinie bzw. in der Spritzwasserzone, sondern schon deutlich darüber im Verzahnungsbereich mit der Festlandvegetation. Besonders in Nord- und Westeuropa (Irland, Cornwall, Bretagne), aber auch anderswo, bekennt die Küste Farbe: Hier finden sich markant und malerisch abgesetzte Siedlungsbänder in kräftigen Farben. Verursacher ist eine der seltsamsten Lebensformen überhaupt.

Flechten sind zwar extrem häufig, aber vielen Naturfreunden nahezu unbekannt. Diese seltsamen Lebewesen bestehen jeweils aus einem Pilz und einer mikroskopisch kleinen, fotosynthetisch aktiven Bakterien- oder Algenart. Beide bilden in der Flechte eine innige Betriebsgemeinschaft, die völlig anders aussieht als die getrennten Ausgangsarten: Ein Flechtenlager erinnert kaum an einen Pilz, und von den darin eingebauten Algen ist mit bloßem Auge auch nichts zu sehen. Überaus erstaunlich ist nun, dass das Gemeinschaftsgebilde Flechte ökologisch sehr viel mehr kann als die jeder Einzelpartner für sich genommen: Flechten ertragen klirrende Kälte ebenso wie höllische Hitze, und mit längerer Trockenheit kann man sie auch nicht beeindrucken. Und salzwasserresistent sind sie natürlich auch.

Siedlungsbild der Gelben Wandflechte

Europäische Tricolore

Ähnlich wie Tange der Gezeitenzone bilden auch die Meeresflechten horizontal gestaffelte Siedlungsbänder in den drei Leitfarben schwarz – gold – graugrün aus. Zuunterst – anschließend an die obersten Algen und Seepocken – treten teerschwarze Flechten auf. Küstenurlauber verwechseln sie oft mit Mineralölhinterlassenschaften aus der Schifffahrt. Die wichtigste Art ist hier die Schwarze Krustenflechte *(Verrucaria maura)*, deren Lager feucht tiefschwarz, grobrissig gefeldert und samtig rau erscheint. Auf Hartgestein bildet sie ausgedehnte Bestände und markiert zusammen mit den Seepocken ungefähr die Hochwasserlinie. Ihr Siedlungsband ist die berühmte Schwarze Zone, die ökologische Grenze zwischen Meer und Festland.

Die blauschwarze Gallertflechte *Lichina* siedelt im Seepockenband.

Krusten und Blätter in Bändern

Über der schwarzen Zone schließt sich enorm kontrastbetont ein breites Band knallgelber Krusten- und Blattflechten an, die einerseits ziemlich artenreich, andererseits aber nicht ganz einfach zu bestimmen sind. Leitart ist die Goldgelbe Schönflechte *(Caloplaca marina)*, eine formenreiche Flechte mit krustenförmigem, unregelmäßig schuppenförmig aussehendem Lager, das in den Randbereichen deutlich gelappt, aber nicht rosettenartig ausgebreitet ist. Meist sind zahlreiche scheibchenförmige, mit dem übrigen Lager gleichfarbene Fruchtkörper in verschiedenen Größen vorhanden.

Den Abschluss der dreifarbigen Flechtengürtel bilden graugrüne Arten, unter ihnen zunehmend auch bemerkenswert formschöne Strauchflechten, von denen einige Vertreter bereits das Geäst der Pionierstrauchgehölze aus der Festlandvegetation besiedeln. Herauszustellen ist hier die Grüngraue Astflechte *(Ramalina siliquosa)* mit bandförmigen Lagerästen. Sie kommt auch im Ostseeraum vor.

Tipps zum Mitmachen

Allerhand Verflechtungen

- Flechten sind außerordentlich ergiebige Fotomotive in jeglichem Aufnahmemaßstab – als Einzelgebilde ebenso wie als komplexe Flechtengesellschaft.
- Fast jeder Flechtenstandort hält die verschiedenen Wuchsformen (Krusten-, Blatt- und Strauchflechte) bereit.
- Organismenbesatz verschiedener Steine oder Felsblöcke untersuchen und vergleichen.
- Interessant ist es natürlich auch, die genauere Verteilung der einzelnen Formen innerhalb der Gezeitenzone an verschiedenen Stellen zu untersuchen.

Fruchtkörper der Bleichen Krustenflechte

Einblick in die Unterwelt

Das Felslitoral einer Gezeitenküste ist gewöhnlich ein Lebensraum der langen Streifen mit fest zugewiesenen Wuchsplätzen für markante Leitarten. Während sich horizontal der Artenbestand der einzelnen vorhandenen Siedlungsbänder zwischen Hoch- und Niedrigwasserlinie über Hunderte von Kilometern Küstenverlauf kaum verändert, treten in vertikaler Richtung auf kürzeste Entfernung höchst unterschiedliche Folgen von Artengefügen auf. Ein Kontrasterlebnis besonderer Art versprechen die eigenartigen Gezeitentümpel.

Aus dem auffällig festgelegten Zonierungsprogramm fällt ein besonderer Typ von Kleinlebensraum heraus, der je nach Küstenmorphologie zunächst weniger aspektbestimmend in Erscheinung tritt, gleichwohl aber zu den ökologisch spannendsten Teilbereichen einer gezeitengeformten Felsküste gehört: Es sind die kleineren oder größeren Gezeitentümpel (Gezeitenaquarien; engl. tidepool oder intertidal rockpool, frz. cuvette rocheuse) in natürlich entstandenen Vertiefungen des anstehenden Gesteins. Zur Ebbezeit bleiben sie als organismenbesetzte Wasseransammlungen irgendwo zwischen den Tidemarken zurück und sind dann optimal der Beobachtung zugänglich.

In Gezeitentümpeln finden sich äußerst aparte Rotalgen.

Jeder ist ein wenig anders

Die Verteilung der immer wieder faszinierenden Gezeitentümpel im Profil einer Gezeitenküste ist völlig zufällig, und jeder sieht natürlich auch ein wenig anders aus. Anzahl und Lage hängen lediglich vom Streichen und Fallen der anstehenden Gesteinsserien und deren erosiver Zerschneidung ab. Eine nahezu senkrecht abfallende Kliffküste mit vorgelagerter Brandungsplattform ist in dieser Hinsicht weniger ergiebig als ein Küstenprofil, das aus der Distanz wie zyklopisches Blockwerk aussieht. An der deutschen Nordseeküste findet man keine solche Miniaquarien. An den benachbarten Felsküsten in Frankreich, England, Irland, Schottland und Norwegen sind sie dagegen Standard.

Fenster zur Dauerflutzone

Im größten Teil des Eulitorals entscheidet im Wesentlichen die Fähigkeit zur Verhinderung oder Vermeidung einschneidender Wasserverluste während des Trockenfallens über den Ansiedlungserfolg. Der Blick auf den Organismenbesatz eines Gezeitenaquariums zeigt nun überraschend, dass hier weithin solche Arten fehlen, die sonst das Bild der eulitoralen Teilzonen prägen. Dafür treten fast immer viele Arten aus der Dauerflutzone auf. Dieser vom Gesamtbild des übrigen Eulitorals augenfällig abweichende Aspekt der Gezeitentümpel ist nur zum Teil mit Argumenten der zwischenartlichen Konkurrenz oder des größeren Beweidungsdruckes in permanent überfluteten Kleinräumen zu erklären.

Unerkannter Extrembiotop

Andererseits weist ein Gezeitentümpel hinsichtlich seiner abiotischen Faktoren eine Reihe von bemerkenswerten Eigenheiten auf. Sie sind nämlich nicht einfach bei Niedrigwasser von der Dauerflutzone abgegliederte Kleinlebensräume, sondern Ausnahmebereiche mit auffallend kurzfristigen Schwankungen fast aller beteiligten physiko-chemischen Umweltfaktoren.

Auffallend ist (vor allem während der Sommermonate) der ausgeprägte Temperaturtagesgang. Kleinere Gezeitentümpel erwärmen sich relativ stark. Damit steigt die Verdunstungsrate, und im Wasser erhöht sich der Salzgehalt. Die nach mehrstündiger Sonneneinstrahlung erreichte Temperatur gleitet auch nicht wie an (sonstigen) festländischen Standorten allmählich auf die Ausgangslage ab, sondern fällt augenblicklich auf Umgebungswerte zurück, wenn die nächste Flut buchstäblich in den Tümpel hereinbricht. Gleichzeitig erfolgt damit eine fast schlagartige Veränderung der erreichten Sauerstoffsättigung. Das durch Photosynthese und Atmung der Tümpelorganismen empfindlich eingestellte Kohlenstoffdioxid-Gleichgewicht (messbar als Veränderung der jeweiligen pH-Werte) stellt die erste hereinschwappende Welle der auflaufenden Flut ebenfalls momentan neu ein.

Kalkrotalgen in einem Gezeitentümpel

Tipps zum Mitmachen

Tümpelforschung an der Felsküste

- Gezeitentümpel sind unglaublich spannende Kleinlebensräume. Für ihre genauere Untersuchung braucht man außer einem guten Bestimmungsbuch ein Thermometer, etwas pH-Indikatorpapier.
- Der Salzgehalt ist mit einfachen Mitteln etwas schwieriger zu bestimmen. Labortrainierte schaffen das mit einem Seewasser-Aräometer oder mithilfe eines Leitfähigkeits-Messgerätes, wie man es auch für die Süßwasseranalytik einsetzt.
- Organismenbesatz verschiedener Tümpel untersuchen und vergleichen.
- Innerhalb eines Gezeitenzyklus die benannten Größen wie Temperatur, pH-Wert und Salzgehalt messen und in einer Tabelle festhalten.

Wogende Wälder unter Wasser

Zugegebenermaßen sind Wälder und Wiesen die wichtigsten Mosaiksteine eines ansprechenden Landschaftsbildes. Und dennoch täuscht dieser Eindruck: Was uns kontinentweit an vielgestaltigem Grün umgibt, ist eigentlich nur die halbe Wahrheit. Fast ebenso wichtig wie die Landpflanzen sind Pflanzenbestände, die gewöhnlich weit weniger ins Augen fallen: Algen und Tange sind geradezu die Typorganismen der marinen Wasservegetation.

Von ganz wenigen Ausnahmen abgesehen (S. 111), halten sich die Blütenpflanzen aus den küstennahen Lebensräumen der Meere heraus. Mag es im Süßwassersee auch verschiedene Schwimm- und Tauchblattpflanzen geben – im Meer haben sie aus mehreren Gründen keine Chance. Die hier von Pflanzen überhaupt besiedelbaren Teillebensräume sind ganz klar eine Domäne der großen Algen.

Gemischte Gesellschaft

Bei den Landpflanzen reicht das Formenspektrum von mickrigen Moospflänzchen über fächerige Farne bis hin zu Gräsern, Kräutern und Gehölzen. Moose bewegen sich im Zentimeterbereich, Bäume lassen eventuell die Hundertmetermarke hinter sich. Das Größenspektrum der Landpflanze reicht damit von der Streichholzdimension bis zur Abmessung eines Fußballfeldes.
Algen haben in dieser Hinsicht zumindest Vergleichbares zu bieten. Das Riesenheer der Planktonalgen (S. 71) besteht überwiegend aus mikroskopisch kleinen Einzellern, von denen man etliche Dutzend bequem auf einem Stecknadelkopf platzieren könnte. Am anderen Ende der Skala stehen dagegen die Tange, deren Größe man tatsächlich nur mit einem Maßband ermitteln kann. Die größte Art an europäischen Küsten ist der Zuckertang, ein gold- bis schokoladenbraunes Band von bis zu 40 cm Breite und rund 5 m Länge.

Tangwälder aus Einblattbäumen

Der seltsame Zuckertang ist ein Vertreter der großen Braunalgengattung *Laminaria*. Mit ihm zusammen kommen an atlantischen Felsküsten zwei weitere Arten vor, der Fingertang und der Palmentang, beide Angehörige der 2- bis 4-m-Klasse. Finger- und Palmentang sind nicht so bandförmig

zugeschnitten wie ihr Verwandter, sondern erinnern eher an eine etwas zu groß bemessene Fliegenklatsche: Auf einem mehr als fingerdicken Stiel sitzt ein in Längsrichtung mehrfach geschlitztes Blattgebilde von lederiger Zähigkeit.
Alle *Laminaria*-Arten kommen von der Niedrigwasserlinie bis zur Tiefengrenze des vordringenden Lichtes in der Dauerflutzone vor. Oft findet man von der Brandung losgerissene und auf den Strand geworfene Exemplare. Nur bei Springtidenniedrigwassern sind die Tangbestände am Standort zu sehen: Waldartig schließen sie sich zu einem vielstängeligen Gewirr baumähnlicher Gestalten zusammen.

Tipps zum Mitmachen

Ausflug in den Tangwald

- Tangwälder bieten auch für Schnorchler überraschende Einblicke.
- Die großen Tange sind mehrjährig. An Querschnitten durch die Stielabschnitte kann man wie bei Gehölzen die Jahrringe nachzählen.
- Auf Blattorganen, Stängeln und zwischen den Haftkrallen siedeln sich gewöhnlich zahlreiche kleine Aufwuchsorganismen an, die eine genauere Betrachtung mit der Lupe wert sind.
- *Laminaria*-Arten spielen in der ostasiatischen Küche eine bedeutende Rolle. Für eigene Versuche ein paar gut gereinigte Blattstücke junger Exemplare, an der Luft getrocknet, mitnehmen.

Tangfeld mit dem Fingertang als Leitform

Blumiges vom Meeresgrund

Die meisten der vielfältigen Prachtformen im Meer bleiben dem Strandwanderer und Küstenforscher verborgen. Das gilt allerdings nicht für die farbenfrohen Blumentiere, die nicht nur die tieferen Bereiche der Küstengewässer besiedeln, sondern auch unter für sie günstigen Bedingungen bis in die Gezeitenzone vordringen und dort wegen ihrer standorttreuen Lebensweise gut beobachtet werden können.

Tiere, die wie Pflanzen aussehen? Auch die ersten systematisch inventarisierenden Naturforscher des 17. Jahrhunderts gerieten bei ihrem Anblick in Zweifel und führten vorsichtshalber die Bezeichnung Anthozoa = Blumentiere ein. Ihrem Namen machen diese Lebewesen alle Ehre. Tatsächlich erinnern sie unversehens an Beschreibungen aus griechischen Sagen, in denen die Meeresgärten des Poseidon ausführlich dargestellt wurden.

Pferdeaktinien *(Actinia equina)* unter Wasser in verschiedenen Farbvarianten

Dickstielige Blüten

Trotz ihres blumigen Aussehens und ihrer mehr oder weniger festsitzenden Lebensweise haben wir es in ihrem Falle eindeutig mit Tieren zu tun. Über einem zylindrischen Rumpf erhebt sich ein vielfältig gestalteter und farbenreich variierender Tentakelkranz, der in der Aufsicht im ausgebreiteten Zustand wirklich an eine große Blume erinnert. In der Mitte des Kranzes liegt die Körperöffnung, die sowohl der Nahrungsaufnahme als auch der Abgabe unverdaulicher Teile dient. Von der Körperöffnung wandert die Beute durch einen engen, schlauchförmigen Schlund in den eigentlichen Verdauungsraum. Seine Wände sind vielfach aufgeworfen, und die zahlreichen Trennsepten vergrößern nicht nur die Oberfläche

der Innenseite, sondern unterteilen auch den Innenraum in mehrere Säckchen.
Blumentiere besitzen keine Wurzeln, aber dafür eine feste Haftscheibe oder einen Grabfuß, womit sie sich am Untergrund verankern. Bei ungünstigen Lebensbedingungen können sie sich eventuell auch wieder aktiv lösen und mit der Strömung an andere Standorte verdriften lassen.

Seedahlien und Seerosen

Die für Küstenforscher leichter zugänglichen Tiere sitzen vorzugsweise an geschützt gelegenen Molen, Spundwänden oder Felsklippen und hier immer besonders in Ritzen und kleinen Mulden. Auch auf frisch angespülten großen Tangen kann man sie finden. Allerdings ziehen die Tiere im frei gelegten Zustand fast immer ihre Tentakelkrone ein und erscheinen dann eher als schleimiger, unansehnlicher Sack. Dieses Verhalten schützt sie vor dem ansonsten drohenden Austrocknen.
Auf jeden Fall lohnt sich immer ein Blick in die tiefer gelegenen Gezeitentümpel, denn dort bleibt ihnen dieses Problem erspart. Besonders die einheitlich rot, olivgrün oder braun gefärbte Pferdeaktinie mit ihren zarten, spitz zulaufenden Tentakeln hat sich auf diesen mit den Gezeiten ständig wechselnden Lebensraum spezialisiert (S. 186) und steht dort in kleinen Gruppen (jedoch immer mit etwas Abstand zueinander) zusammen. Die größere und mit stumpfen Armen ausgestattete Dickhörnige Seerose bevorzugt dagegen Standorte, die ständig unter Wasser bleiben. Ihre Mundscheibe und Tentakel sind häufig mehrfarbig gestreift. Die kräftigen Greifarme können sogar kleinere Fische festhalten und in den Schlund hinein stopfen. Dass es die Tiere schaffen, auch ausgesprochen große Beutetiere zu ergreifen und ins Körperinnere zu zerren, verdanken sie einer dichten Ausstattung von Nesselzellen direkt in der äußeren Zellschicht der Fangarme und restlichen Körperwand (S. 77). Deren kleine

Dickhörnige Seerosen *(Urticina equina)*

Stilette explodieren bei Berührung, durchbohren die Haut des Opfers und verspritzen in seinem Inneren eine lähmende Flüssigkeit.

Seenelken *(Metridium senile)* mit gefiederten Tentakeln

Zarte Gewächse

An noch ruhigeren und geschützteren Standorten leben die weiß, gelb oder rötlich pastellfarbenen Seenelken mit ihrer äußerst fein gefiederten Tentakelkrone, die der schlanke, aufragende Rumpf in den Wasserkörper hält, wo sie kleine vorbeitreibende Nahrungspartikeln abfiltern. Damit die filigranen Fiederstrukturen nicht unrettbar miteinander verkleben, dürfen sie im Tidenrhythmus keinesfalls trocken fallen. Trotzdem kann man die Seenelken auch im sicheren seichten Wasser beobachten, beispielsweise auf der Unterseite von Schwimmpontons oder selbst auf kleineren Bojen.

Tipps zum Mitmachen

Blumen pflücken verboten

- Blumentiere darf man nicht vom Wuchsplatz ablösen – für die Tiere besteht akute Verletzungsgefahr.
- Dickhörnige See- und auch Pferderosen kann man ganz zart streicheln und spürt dann den Effekt der Klebzellen. Ihre Nesselkapseln durchstoßen die menschliche Haut aber nicht.
- Bei Fütteraktionen mit Fleisch wandert die Nahrung dauerhaft in den Verdauungsraum. Leere Schalen von z.B. Muscheln werden sehr zügig wieder ausgestoßen.

Mannequins vom Badestrand

Nach aller Erfahrung erzeugen driftende Tangbüschel am Strand zwiespältige Gefühle. Algen und Tange gelten vielen Küstenurlauber als recht fragwürdige Absonderung des Meeres. Viele ordnen sie gar irgendwo zwischen Algenpest und Killeralgen ein. Zugegeben: Wer einen Badestrand lieber so hochsteril erleben möchte wie den Hotelpool, kann die folgenden Seiten getrost überblättern.

Auch wenn die Saubermänner der Kurverwaltung schon frühmorgens dafür sorgen, dass umhertreibende oder angespülte Algen als unliebsame Zutaten immer rechtzeitig aus dem Blickfeld der Strandgäste verschwinden, sollte man sich die kleinen und größeren Arten doch einmal etwas genauer anschauen. Algen fühlen sich gar nicht so glibberig an, wie die meisten Mitmenschen befürchten. Dafür überraschen sie bei genauerer Inspektion mit einem ungewöhnlichen Formenspektrum sowie mit ausgesucht abgestufter Farbigkeit.

Klassische Vielfarben-Koalition

Landpflanzen inszenieren üblicherweise unterschiedliche Grünorgien, von vornehmer Blässe bis hin zu gesättigtem Schwarzgrün. Daran ändern auch die Blüten und Früchte nicht viel, die als Saisonartikel ohnehin nur vorübergehend den Aspekt bestimmen. Wald ist eben normalerweise monochrom grün, und die grüne Wiese ist ohnehin bereits sprichwörtlich.
Bei den Algen liegen die Dinge nun gänzlich anders: Sie gewanden sich in erstaunlich vielstufig abgesetzten Nuancen und bilden somit eine enorm bunte Truppe mit einer beeindruckenden Farbpalette.

Algen im Angespül

Darunter gibt es natürlich auch Grünalgen, die in ihrer Pigmentsetzung mit den Landpflanzen völlig übereinstimmen. Bei den Algen hat die Evolution jedoch auch noch andere Musterbildungen erprobt und entwickelt. Eine bemerkenswerte Alternative stellen beispielsweise die Rotalgen dar. Besonders bei den Arten tieferer Standorte fallen die Rotkomponenten unübersehbar ins Auge: Vom kräftigen Karmin über feuriges Purpur bis hin zu sattem Rubinrot ist eine vielstufige Palette zu bestaunen.

Die goldbraune Linie

Schon lange vor den Landpflanzen haben im Meer Algen mit weiteren Farbprogrammen Karriere gemacht. Außerordentlich erfolgreich war beispielsweise die Kombination von zartem Chlorophyllgrün mit kräftig deckendem Gelbbraun, wobei Farbstoffe aus der Klasse der Carotenoide zum Einsatz kommen. Solche Farbstellungen zeigen neben den vielgestaltigen, aber mikroskopisch kleinen Kieselalgen vor allem die artenreichen Verwandtschaftsgruppen der Braunalgen. Ihre Farbstellung variiert fallweise von hellem Goldgelb über diverse Olivschattierungen bis zum gesättigten Schokoladenbraun.

Von filigran bis knüppeldick

Meeresalgen sind nicht einfach ein untermeerischer Ersatz für Kopfsalat oder Petersilie, sondern bestechen neben ihren vielen Farben auch mit ausgesucht hübschen Formen. Unter dem üblichen Strandgut finden sich flächige, dünnhäutige und etwas lappige Gebilde, die irgendwie an einen Folienfetzen erinnern. Sie stellen zweifellos die einfacheren Formtypen dar, lassen sich aber mit interessanten Faltenwürfen drapieren wie die Damengarderobe auf mittelalterlichen Tafelbildern. Ungleich größer ist der Formenzauber der feinblättrigen oder buschig verzweigten Algen. Hier finden sich gleichsam die Starmannequins unter den Meeresalgen – bemerkenswert grazile Gestalten mit filigranem Dekor oder anderem Design, das mitunter schon die Auflösungsgrenzen unserer Augen überschreitet. Diese Typenvielfalt bezaubert schon allein deswegen, weil sie so unvertraut und fremdartig erscheint.

Schönheit ist durchaus nicht vergänglich

Viele Meeresalgen sind nicht nur bildschön, sondern auch schön im Bilde. Was uns der Spülsaum zu Füßen legt, kann man zeichnen, fotografieren oder auch zu äußerst schmucken Herbarblättern verarbeiten. Auf diese Weise bleibt die unstrittige Schönheit der zumeist nur kurzlebigen Feinalgen erhalten. Sie ertragen nur keine direkte Sonnenstrahlung, denn wie fast alle pflanzlichen Naturfarben sind auch die Algenpigmente erstaunlich wenig lichtbeständig. Im Schatten bewahren die Schönen dagegen viele Jahre nicht nur ihre Form, sondern vor allem ihre Farbe. Der Aktionstipp erläutert, wie man die farbigen Fundstücke fachmännisch verarbeitet. Man kann sich auf diese Weise einen Überblick über Artenbestände verschaffen oder auch nach eigenem Geschmack ganze Ensembles komponieren, so wie der Flutsaum sie zufällig zusammenführt.

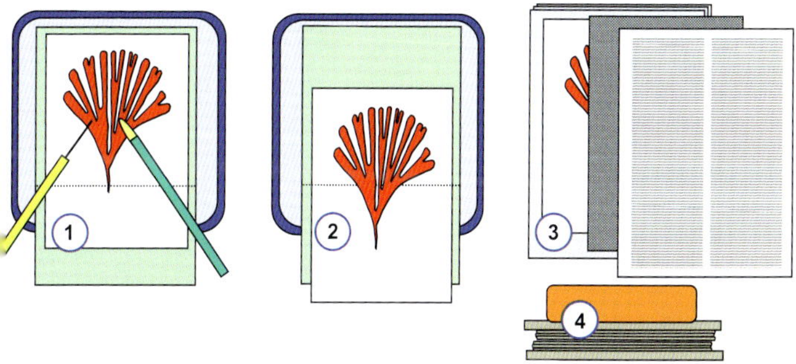

Anlage eines Algenherbars

Tipps zum Mitmachen

Wie man Algen flachlegt

- Aufgesammelte Algen vom Spülsaum nicht in Wasser, sondern trocken transportieren.
- Fadenbüschel zu Hause unter Leitungswasser (!) kurz abspülen und von überflüssigem Aufwuchs befreien.
- Ausgesuchte Stücke im Handwaschbecken oder in einer flachen Schale unter Leitungswasser auf weißen Papierbögen ausbreiten, die Unterlage langsam aus dem Wasser ziehen und Verzweigungen mit Malpinsel oder Pinzette ordnen (1).

- Papierbögen zuvor mit Bleistift beschriften: Algenart, Fundort, Datum ...
- Algen nur einlagig aufziehen – zu dichte Verzweigungen ausdünnen und flach nebeneinander ausbreiten (2).
- Algenbelegte Bögen gründlich abtropfen lassen, auf Zeitungspapier legen, mit feinmaschigem Textil (Baumwolle, Gaze, Damenstrumpf o.ä.) abdecken und weitere Lage(n) Zeitungspapier auflegen (3).
- Unter mäßigem Druck pressen und durchfeuchtete Zeitungszwischenlagen täglich auswechseln (4).

Fertige Herbarblätter

Bohrer, Fräser, Tunnelbauer

Viele Meeresorganismen vertiefen sich buchstäblich in ihren Untergrund. Im Angespül des Meeresstrandes trifft man deshalb überaus häufig auf die Aktivitäten bohrender bzw. fräsender Organismen. In Molluskenschalen, Steinen und Treibholz treten fein gearbeitete, kreisrunde Öffnungen und Gänge zu Tage. Aber warum haben einige Muscheln in ihrer Schale ein kreisrundes Loch, und warum sind alte Austernschalen perforiert? Woher kommen die Löcher im Kreidegestein, und wer perforiert so unbarmherzig die untergetauchten Holzplanken an den Molen? Bohren ist eine Spezialität verschiedenster Meeresbewohner, und in jedem Loch versteckt sich eine eigene Erklärung.

Bohren ist offenbar nicht nur eine Spezialität hochgerüsteter Heimwerker, sondern eine besondere und im Prinzip bewundernswerte Leistung ganz verschiedener Meeresbewohner. Ihre Motive sind dabei ganz unterschiedlich: Manche Bohrtätigkeit ist mit dem Aktionsfeld Eigenheim verknüpft. Etliche marine Organismen leben eben nicht gerne an der blanken Oberfläche, sondern schaffen sich im Substrat immer dann ihre sicheren Rückzugsräume, wenn diese nicht von Natur aus zur Verfügung stehen. Andere Bohraktivitäten dienen ausschließlich dem Nahrungserwerb – eine besonders perfide Methode, die für das sonst gut geschützte Opfer tragisch endet. Schließlich lassen sich auch beide Strategien effektvoll miteinander verbinden.

Bohrend auf Nahrungssuche

Nabelschnecken graben sich durch den Sandboden auf der Suche nach Trogmuscheln, ihrer Lieblingsspeise. Um an die Innereien der Muscheln zu gelangen, bohren sie mit ihrer scharf gezähnten Raspelzunge ein nur

Glänzende Nabelschnecke *(Euspira pulchella)* auf Nahrungssuche

wenige Millimeter weites Loch in eine der Muschelklappen. Ist die Schale erst einmal durchgeraspelt, beginnt die Raubschnecke mit ihrer bewehrten Zunge, die zudem auf einem langen, beweglichen Rüssel sitzt und bis zu einigen 1000 winzige Zähne trägt, den Weichkörper des Opfers bis in die kleinste Schalenecke auszufressen. Von der Muschel bleiben die angebohrten Schalenklappen zurück. Sie machen vor allem bei Kindern sofort Karriere als Bauteile einer selbst komponierten Muschelhalskette.

Flucht- und Rettungstunnel

Ihre Fähigkeit, Löcher zu bohren, nutzen einige Meeresbewohner auch dazu, um sich vor Feinden in Sicherheit zu bringen. Mehr als ein halbes Dutzend heimischer Muschelarten bohrt sich daher in mehr oder weniger festen Boden ein und entgeht so dem oben beschriebenen Schicksal der Trogmuscheln. Ihre Schalenklappen sind auf der einen Seite als feste scharfzähnige Grabinstrumente entwickelt, die mit rhythmischen Bewegungen den Vortrieb in härteren Untergrund wie Torf, Ton Kreide und sogar weiche Felsen leisten. Gleichzeitig drehen sich die Tiere um ihre eigene Längsachse und schaffen so eine kreisrunde Wohnröhre. Daraus schauen dann nur noch die rückziehbaren Ein- und Ausstromöffnungen hervor. Nach schweren Stürmen reißt die Strömung das erodierte durchlöcherte Gestein zuweilen an die Küste, egal ob mit oder ohne die grabenden Bewohner, aber in jedem Fall mit ihren Bohrlöchern.

Bohrlöcher der Nabelschnecke

Ätzende Schwämme

In schützende Bohrgänge verlegt auch der Bohrschwamm seinen Körper. Sein bevorzugtes Substrat sind die blätterteigartig geschichteten und daher wenig massiven Austernschalen, die sich an der Nordsee regelmäßig im Spülsaum des Strandes finden. Zum Bau eines verzweigten Ganggeflechts dienen besondere Ätzzellen. Damit können die Schwämme die Schale oder auch festes Gestein auf chemischem Wege auflösen. In regelmäßigen Abständen bohrt der Schwamm einen Gang an die Oberfläche, um einen ausreichenden Wasserstrom zur Atmung und Ernährung zu gewährleisten. Erst diese unregelmäßig auftretenden Minilöcher verraten das Schwammgeflecht im Inneren.

Assel auf Abwegen

An Buhnenpfählen oder Treibholz lassen sich Löcher und Gänge unterschiedlicher Qualität entdecken. Millimeterweite, oberflächlich gegrabene Gänge verraten die Anwesenheit von Holzbohrasseln. Mit ihren Mundwerkzeugen legen sie weit verzweigte Wohn- und zugleich Fressgänge an. Die nur 5 mm langen Asseln fressen den Abraum ihrer Gänge auf und können, und das ist fast einmalig im Tierreich, durch eigene Enzyme die pflanzlichen Zellwände aufspalten und auch verdauen. Auch vor den Rümpfen von Holzschiffen machen die kleinen Bohrer keinen Halt. So waren sie früher, als es noch keine wirksamen Schutzanstriche gegen den Befall gab, bei den Seeleuten und Schiffseignern sehr gefürchtet. Um einen Befall wirksam zu verhindern oder zu stoppen, wurden die Schiffe von Zeit zu Zeit in Flusshäfen gesteuert. Der mangelnde Salzgehalt des Flusswassers tötete zwar die an Salzwasser angepassten Meeresasseln ab, verhinderte aber nicht einen erneuten Befall.

Holzbohrasseln *(Limnoria lignorum)* in ihren kombinierten Wohn- und Fressgängen

Da steckt der Wurm drin

Ähnliches lässt sich auch vom „Schiffsbohrwurm“ und seinen Verwandten berichten. Der irreführende Name bezeichnet eigentlich eine auf das Bohren in Holz weltweit verbreitete, hoch spezialisierte wurmförmige Muschelfamilie, deren Schalen völlig zurückgebildet sind und nur noch als Bohrschaufeln dienen. Damit treiben sie zentimeterbreite unverzweigte Bohrgänge selbst in einige Hartholzarten. Die Gänge werden mit einer feinen Kalktapete ausgekleidet. Wie die Bohrasseln können auch diese Muscheln das Holz verdauen und für ihre Ernährung nutzen. Für die Schifffahrt haben ihre Bohraktivitäten schwerwiegende Auswirkungen. Massenbefall gefährdet im Hafen die Standfestigkeit von Holzbrücken, Anlegern und Stegen, wie es früher in den wasserbaulichen Anlagen der Niederlanden geschah. „Noch ist Holland nicht verloren“ skandierten daraufhin die Bewohner, als sie begannen, die Anlagen zu erneuern. An der Ostseeküste hat der Schiffsbohrwurm die aus Kiefernholz bestehenden Buhnen zwischen Boltenhagen und Rügen vollständig zerstört. Weiter östlich kommt die Muschel nicht mehr vor, weil dort der Salzgehalt zu niedrig ist.

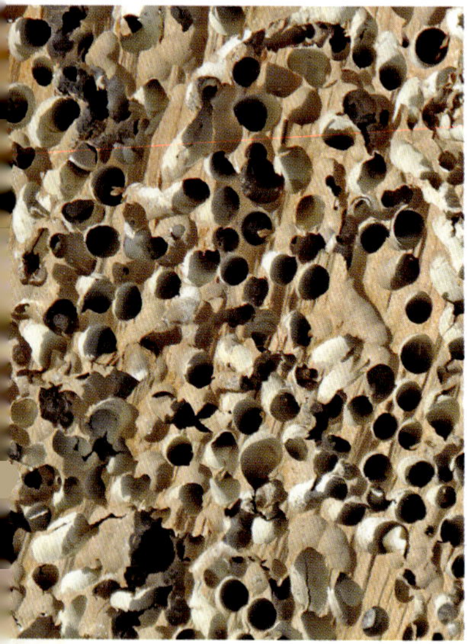

Bohrgänge vom „Schiffsbohrwurm“

Tipps zum Mitmachen

Weiche Tiere in hartem Substrat

- Am Strand auf angebohrte Steine oder Holzstücke achten.
- Oft ist der Verursacher noch vor Ort.
- Von Bohrmuscheln massiv durchlöchertes Driftholz liefert schöne Dekorationsobjekte.
- Angebohrte Gesteinsproben eignen sich als Ständer für Schreibutensilien.

Den Schnecken auf der Spur

Zu den auffälligsten Bewohnern unserer Küsten gehören die Meeres-Gehäuseschnecken. Arten- und individuenreich bevölkern sie alle Küstenformen bis in die Spritzwasserzone. Auch ästhetisch sind ihre Behausungen nicht ohne Anspruch. Nicht umsonst werden ihre leeren Gehäuse im Spülsaum als beliebtes Souvenir vom Strandurlaub mit nach Hause genommen.

Der Schlüssel zum Verständnis ihrer erstaunlichen Formenvielfalt liegt neben ihren unterschiedlichen Ernährungsweisen und Lebensraumansprüchen auch in den stark variierenden Fortpflanzungsmechanismen. Diese bleiben dem Strandwanderer eigentlich verborgen, doch im Frühling kann man mit etwas geübtem Blick auch den unterschiedlichen Spuren ihrer Entwicklung folgen. Dann nämlich paaren sich die Schnecken und hinterlassen vielfältige Gelege, die sich leicht den einzelnen Arten zuordnen lassen.
Meeresgehäuseschnecken sind in der Regel getrenntgeschlechtlich. Nach der Kopulation findet die Befruchtung der Eier noch im Inneren der Weibchen statt. Was sich im Anschluss daran bei der weiteren Entwicklung abspielt, unterliegt jedoch bei jeder Art höchst unterschiedlichen Gesetzen.

Schneckenhäuser im Angespül

Massenproduktion

Eine noch sehr ursprünglich entwickelte Form der Eiablage zeigt die Gewöhnliche Strandschnecke *(Littorina littorea)*. Wenn sie bei hohen Wasserständen untertaucht, verpackt sie ihre unzähligen winzigen Eier portionsweise einfach in eine (an eine fliegende Untertasse erinnernde)

Gallerthülle und entlässt sie ins freie Wasser. Mit der Strömung werden diese verdriftet. Fürsorge für den Nachwuchs praktiziert diese Art also überhaupt nicht. Ihre weitere Entwicklung bleibt dem Strandwanderer somit komplett verborgen.
Ganz anders verhält es sich mit der Gebänderten Grübchenschnecke *(Lacuna vincta)*, die auf den Braun- und Rotalgen der Gezeiten- und Flachwasserzone lebt. Auch sie produziert eine relativ große Menge an Eiern (bis ca. 1 500), legt diese jedoch „fürsorglich" in ein festes, reifenförmiges Gelege. Aus den dicht gepackten Eipaketen schlüpfen später wie bei der Gemeinen Strandschnecke frei schwimmende Veliger-Larven, die ungeschützt davon treiben. Nur ein minimaler Anteil der gesamten Eimenge entwickelt sich später zu einer Schnecke. Der allergrößte Teil geht zugrunde oder wird gefressen. Mit der ungeheuren Anzahl an Nachwuchs aber steigt die Wahrscheinlichkeit, dass wenigstens einige von ihnen durchkommen und erwachsen werden.

Ganz verschieden: Gallertgelege der Gebänderten Grübchenschnecke (links) und der Flachen Grübchenschnecke (rechts)

Gemütliche Kinderstube

Die Flache Grübchenschnecke *(Lacuna pallidula)* hat trotz ihrer engen Verwandtschaft zur vorigen Art ihre Fortpflanzung deutlich abgewandelt. Zwar legt auch sie ein schützendes Gallertgelege an großen, derben und haltbaren Tangen ab, doch die Zahl der darin abgesetzten Eier ist viel geringer. Dafür sind die Eier größer und dotterreicher. Der Nachwuchs entwickelt sich aufgrund des großen Nahrungsvorrats vollständig im Ei und schlüpft als fertig entwickeltes Jungtier, welches bereits ein kleines Gehäuse trägt und sofort zum Bodenleben übergeht. So wird die Population bereits am Standort gestärkt, ihre Verbreitung aber wird dadurch

nicht gerade beschleunigt. Da bedarf es dann schon eines abgerissenen Tanges als Floß, der mit der Strömung verdriftet wird.
Die Nordische Purpurschnecke *(Nucella lapillus)* hat den Entwicklungserfolg und Schutz ihrer Nachkommenschaft noch weiter perfektioniert. In wellengeschützten Felsritzen und -höhlen setzt sie dicht nebeneinander zahlreiche kegelförmige und durch eine derbe Hülle geschützte Kokons ab. Von den Eiern im Inneren entwickelt sich aber nicht einmal jedes zehnte, denn der Rest wird von den heranwachsenden Jungschnecken als energiereiche Nahrung verbraucht. Wenn diese dann die schützende Kinderstube verlassen, hat sich bei ihnen bereits ein im Vergleich zu anderen Jungschnecken recht dickwandiges Gehäuse entwickelt. Dennoch hat auch dieser Fortpflanzungsmodus einen entscheidenden Nachteil: Die Gelege bleiben gegenüber potenziellen Räubern ungeschützt, und zur Vermeidung einer drohenden Austrocknung müssen die Wände des Laiches dickwandig werden. Das kostet viel Energie und erweist sich in der oberen Gezeitenzone, wo Meeresschnecken ohnehin mit den äußeren Lebensumständen zu kämpfen haben, als Hindernis. Die bis in die Spritzwasserzone vordringende Raue Strandschnecke *(Littorina saxatilis)* betreibt deshalb die Fürsorge ihrer Nachkommen noch konsequenter. Bei ihnen werden die wenigen, aber dotterreichen Eier einfach in der eigenen Mantelhöhle abgelegt. Dort verbleiben sie so lange „im Schoß der Mutter“, bis die fertigen Jungschnecken ausschlüpfen.

Raue Strandschnecken in erodierten Seepockengehäusen der Spritzwasserzone

Tipps zum Mitmachen

Eiersuche – einmal anders

- Am Strand im Angespül auf Schneckengelege achten.
- Dieser mit einer stärkeren Lupe untersuchen – eventuell sind bereits die sich entwickelnden Jungschnecken zu erkennen.
- Gelege nach der Betrachtung wieder in das Wasser bringen.

Etagenwohnung an der Klippe

Schon von weitem sind die großen Seevogelkolonien der mitteleuropäischen Klippenküsten mit vielen Sinnen zu erfahren. Man riecht sie (oder besser: ihren Kot), man hört das Geschrei der Brutvögel und sieht bereits am Himmel über dem Wasser ihre Bewohner ein- und ausfliegen.

Nicht umsonst gehören die großen Seevogelkolonien der europäischen Felsküsten zu den eindrucksvollsten Schauspielen dieses Naturraums überhaupt. Zudem untermalen sie im Hintergrund die ewige Brandung und das Pfeifen der frischen Windböen. Die raue Kraft der Natur wird hier besonders spürbar. Normalerweise sind Vogelfelsen unzugänglich und wegen ihrer Empfindlichkeit vor dem menschlichen Zugriff geschützt. Strenge Schutzmaßnahmen sollen helfen, das einzigartige Schauspiel auch für kommende Generationen zu erhalten.

Zu Besuch am Lummenfels

Deutschlands einziger Vogelfelsen, der Lummenfelsen von Helgoland, bietet von April bis September die Möglichkeit, Dreizehen- und Silbermöwen, Trottellummen, Tordalken, Eissturmvögel und seit 1991 auch den Basstölpel in ihrem unterschiedlichen Verhalten und ihrer Brutbiologie zu beobachten, ohne dass die Gefahr besteht, dass die Vögel dadurch gestört werden. An ihrem Beispiel kann der Beobachter eindrucksvoll lernen, warum Zigtausende von Vögeln auf so engem Raum miteinander leben können, ohne sich einander ernstlich ins Gehege zu kommen. Das Geheimnis liegt in der artspezifischen Einnischung der einzelnen Arten sowie ihrer Ansprüche an einen geeigneten Brutplatz und geeigneter Nahrung.

Brutplätze in der Senkrechten

Platz ist für alle da

Besonders auffallend sind die Dreizehenmöwen, die schon von weitem akustisch auf sich aufmerksam machen. Sie besetzen in der senkrechten Klippenwand sehr enge Simse, auf denen sie aus Algen ein enges Nest bauen, in dem meist zwei Küken groß werden können und von dort auch ausfliegen.
Die viel größeren Silbermöwen benötigen für ihr Nest allein schon deshalb größere Vorsprünge, weil sie nicht so wendig fliegen können und daher für das An- und Abfliegen mehr Platz benötigen. Die Küken würden sich zudem viel zu schnell gegenseitig von der Klippe schubsen.
Die Eissturmvögel besiedeln breitere Halbhöhlen und tiefere Nischen, die ihnen genügend Platz zum Anfliegen und Balzen geben. Außerdem benötigen sie für ihren Nachwuchs einen größeren Schutz, da dieser im Spätsommer sich selbst überlassen bleibt, bevor er flügge wird.
Trottellummen besetzen auf Helgoland überwiegend freie seewärts gerichtete und von der Witterung ausgehöhlte Felsbänder, die möglichst direkt über dem Wasser liegen. Sie brüten dicht gedrängt und bieten sich so auch gegenseitig Schutz gegenüber Nesträubern. Die wenigen Tordalken brüten auf kleinen und möglichst über dem Wasser hängenden Felswänden am Rande der Kolonien. Beide Arten bauen keine Nester, sondern legen stattdessen ihr einziges Ei auf den nackten Felsen. Damit

Basstölpel-Kolonie

es nicht wegkullert, ist es konisch geformt und mit der Spitze zum Felsen ausgerichtet.
Die großen Basstölpel bauen ihre Nester auf flachen, breiteren Stellen der Klippe und verdrängen mittlerweile an einigen Stellen die Trottellummen von ihren angestammten Plätzen.

Für jeden bleibt am Tisch ein Platz

Auch im Nahrungserwerb gehen sich die einzelnen Arten am Seevogelfelsen aus dem Wege, selbst wenn diese ausschließlich aus dem Meer stammt. Das funktioniert nur deshalb, weil sie das Leben in Etagen nämlich auch bei der Nahrungssuche praktizieren.
Am tiefsten tauchen die Lummen und anderen Alken, wenn sie auf Fischjagd gehen,
Die Basstölpel sind Meister des Stoßtauchens und stürzen mit angelegten Flügeln senkrecht durch die Wasseroberfläche immerhin mehrere Meter tief nach Fischen und Kalmaren. Eissturmvögel und Möwen sammeln dagegen ihre Nahrung direkt und ausschließlich von der Wasseroberfläche ab.

Eissturmvögel sind Einzelgänger.

Bei manchen dauert es etwas länger

Auch in der Brutdauer unterscheiden sich die Bewohner des Felsens. Die jungen Alken flattern – zunächst noch flugunfähig – bereits im Juni in den abendlichen Dämmerungsstunden von den Steilwänden hinab und schwimmen mit ihren Eltern aufs offene Meer. Die jungen Dreizehenmöwen werden erst Ende Juli flügge und starten direkt vom Felsen. Im August verlassen auch die jungen Basstölpel den Felsen. Ihre Eltern bleiben allerdings noch bis zum Frühherbst in der Nähe, wahrscheinlich um sich von den Strapazen der Kükenaufzucht zu erholen und zugleich die Partnerschaft zu festigen. Erst im September und etwa drei Wochen nach ihren Eltern verlassen die jungen Eissturmvögel den Brutfelsen. Dann wird es still am Felsen. Nur der Kotgeruch und die zurück gelassenen Nester belegen das vergangene und im nächsten Jahr wiederkehrende Naturschauspiel.

In den Vogelfelsen der Bretagne, Großbritanniens und Skandinaviens brüten auch die farbenfrohen Papageientaucher und nachtaktiven Schwarzschnabel-Sturmtaucher, die beide ihre Brutplätze gerne unter Felsvorsprüngen oder in leeren Kaninchenbauten anlegen. Die letzten Papageientaucher von Helgoland sind allerdings bereits Mitte des 19. Jahrhunderts von den Insulanern verspeist worden. Eine Wiederansiedlung ist deshalb schwierig, weil erwachsene Vögel immer an den angestammten Brutfelsen zurückkehren.

Tipps zum Mitmachen

Vogelgroßstadt am Meer

Deutschlands einziger Seevogelfels ist die Westklippe Helgolands sowie der Felsturm Nathurnstack („Lange Anna“) – ein absolutes Highlight vor allem während der Frühjahrs- und Sommerwochen:

- Vom Helgoländer Klippenrundweg Seevögel mit Fernglas oder Spektiv beobachten.
- An einer Führung der Vogelwarte Helgoland (vgl. S. 170) oder des Vereins Jordsand (Hummerbude, Unterland) teilnehmen.

Die Wichtigsten der Reihe nach

Blasentang
Fucus vesiculosus
Bis 70 cm lang, am Rand glatt, meist (nicht immer!) mit luftgefüllten paarigen Blasen im Blatt, aufgeblähte Blattenden entwickeln die Fortpflanzungszellen. Mittlere Gezeitenzone.

Sägetang *Fucus serratus*
Etwa 30–70 cm lang, am Rand grob gesägt, immer ohne Schwimmblasen,
Leitart der unteren Gezeitenzone auf Felsen, Molen und Steinen.

Zuckertang
Saccharina latissima (= Laminaria saccharina)
Etwa 100–400 (500) cm lang, Blatt ungeteilt, dunkelbraun, fühlt sich oft schleimig an. Untere Gezeiten- und obere Dauerflutzone an Felsküsten.

Fingertang
Laminaria digitata
Bis etwa 300 cm lang. Blatt handförmig geschlitzt, Stiel glatt und biegsam. Auf Felsgrund und Steinen unterhalb der Gezeitenzone. Ähnlich: Palmentang *(L. hyperborea).*

Japanischer Beerentang *Sargassum muticum*
Bis etwa 300 cm lang, sehr reich verzweigt, zahlreiche kleine Schwimmblasen. Aus Japan 1973 eingeschleppt, Felsküsten, im Watt auch auf Steinen.

Brackwasser-Glockenpolyp
Gonothyraea loveni
Bis zu 3 cm hohe, stark verzweigte, graue Kolonien. Oft an Spitzen der Blätter von Seegras. Fängt mit Giftzellen bewaffneten Tentakeln Plankton; weitere ähnliche Arten.

Brotkrumenschwamm *Halichondria panicea*
Häufigster heimischer Meeresschwamm; Bildet bis zu 30 cm breite, zähe Krusten mit teilweise aufsteigenden „Schornsteinen", zerbröselt im trockenen Zustand.

Rändel-Käferschnecke
Lepidochitona cinerea
Bis 2 cm lang; Körper flach mit 8 festen Rückenschildern, haftet mit Saugfuß am Boden und beweidet Krustenalgen auf Felsen und Muschelbänken in der Gezeitenzone.

Posthörnchenwurm ***Spirorbis spirorbis***
Kleiner Wurm mit Tentakelkrone; zieht sich bei Gefahr in seine Kalkröhre zurück, die er mit einem Kalkdeckel verschließt. Festsitzend, oft auf Blasentang und Sägetang.

Gewöhnliche Strandschnecke ***Littorina littorea***
Gehäuse kräftig, bis 4 cm, Weichkörper milchig, beweidet Felsen, Muschelbänke, Hafenanlagen und Tange; in Frankreich bevorzugte Delikatesse (Bigorneaux).

Gestreifte Hörnchenschnecke ***Polycera quadrilineata***
Bis 4 cm; kontrastreich bunt gefärbte Meeresnacktschnecke mit zahlreichen Anhängen und aufgefächerter Kiemenrosette, lebt auf Algen und Seegras, frisst Krusten-Moostierchen.

Knotige Asselspinne ***Pycnogonum littorale***
Gestalt unverwechselbar, bis 3 cm; Kopfrücken mit Sinneskuppel, ohne Scherenfüße und Kopffühler; Weibchen größer als Männchen.

Brackwasser-Seepocke *Balanus improvisus*
Bis 1 cm, festsitzend. Im Flachwasser einzige Seepockenart der Ostsee; an allen Hartsubstraten. Seepocken sind Krebse in einem Kalkplattengehäuse; weitere Arten.

Baltische Meerassel *Idotea baltica*
Bis 3 cm; sehr farb- und mustervariable Form mit zahlreichen ähnlichen Verwandten, bei dieser endet der Körper in drei Spitzen; lebt auf Tangen, mit Fußklauen zum Festhalten.

Klippenassel *Ligia oceanica*
Bis 3 cm; läuft und klettert sehr gewandt in der Spritzwasserzone umher, versteckt sich tagsüber in Ritzen und Höhlen, flieht bei Gefahr ins Wasser.

Einsiedlerkrebs *Pagurus bernhardus*
Bis 10 cm; lebt in Schneckengehäusen und schützt so seinen nackten Hinterleib; Mündungsöffnung wird bei Gefahr von dem ungleich großen Scherenpaar verschlossen.

Taschenkrebs *Cancer pagurus*
Größte heimische Krabbenart, Körper fast doppelt so breit wie lang (bis 30 cm), mächtige, ungleich große Scheren mit schwarzen Spitzen; wird in beköderten Körben gefangen.

Seestern *Asterias rubens*
Unverwechselbar; bis 50 cm breit (meist viel kleiner), fünf kräftige Arme; Oberfläche stachelig; läuft auf ausfahrbaren Saugfußreihen der Unterseite; frisst überwiegend Muscheln.

Essbarer Seeigel *Echinus esculentus*
größter heimischer Seeigel, bis 16 cm breit; mit beweglichen Stacheln und ausfahrbaren Saugfüßchen; beweidet den Untergrund mit fünfstrahligem Kauapparat; Bestand bedroht.

Sternseescheide
Botryllus schlosseri
Einzelne Sternbreite bis 1cm; Kolonien bilden flache Polster auf Tangen und Steinen der Flachwasserzone, sehr variabel in der Farbe; schrumpfen im Winter.

Was man sonst noch wissen sollte

Nationalparke: Wildnis wieder auf dem Vormarsch

Nicht nur das Land, auch die Küsten Europas sind mit dem Einzug des Menschen auf den Subkontinent nachhaltig verändert worden. Trotz allem ist noch viel von der ursprünglichen Wildheit zu erkennen. Um den Erhalt der Vielfalt des Lebens und seiner natürlichen Lebensräume dauerhaft zu sichern, wurden an der deutschen Küste drei Wattenmeer-Nationalparke sowie an der Ostsee die Nationalparke Jasmund und Vorpommersche Boddenlandschaft gegründet. Gemeinsam bewahren sie Deutschlands wilde Küsten: weltweit einzigartige Lebensräume als Teil unseres nationalen Naturerbes. Das Wattenmeer ist seit 2009 sogar UNESCO-Weltnaturerbe.

Zusätzlich wurden an unseren Meeresküsten auch zahlreiche Naturschutzgebiete eingerichtet, in denen die Natur Vorrang vor allen anderen Nutzungen hat. Einige von ihnen sind nur wenige Hektar klein, das größte umfasst immerhin mehr als 50 km^2.
Die Naturschutz- und Nationalparkverwaltungen haben die Aufgabe, diese besonders wertvollen Schutzgebiete entsprechend den gesetzlichen Bestimmungen zu schützen und zu entwickeln. Für alle Besucher gilt also: Erst informieren, dann genießen. In den Parkverwaltungen und Infozentren bekommt man dafür die beste Unterstützung.

Nationalpark-Aspekte: Königshafen/Sylt

Die Nationalparke – Natur Natur sein lassen

In den Küsten-Nationalparken Deutschlands darf sich die Natur großflächig und nach ihren eigenen Gesetzen entwickeln, ohne dass der Mensch in das dynamische Geschehen eingreift. Diese Gebiete dienen vor allem der ungestörten Entwicklung der natürlichen Artenvielfalt sowie ihrer Lebensräume, und zwar unabhängig von planbaren Zielen und Entwicklungen. So entsteht wieder „Wildnis". Darüber hinaus leisten die Nationalparke auch einen wichtigen Beitrag zum sicheren Erhalt von gefährdeten und vom Aussterben bedrohten Arten. Das Wattenmeer und die Jasmunder Buchenwälder gehören seit 2009 bzw. 2011 sogar zum UNESCO-Weltnaturerbe.

Naturerlebnis pur

Nationalparke sollen jedoch nicht nur die Natur und ihre Dynamik schützen, sondern – soweit der Schutzzweck dies erlaubt – uns auch bewusst und erlebbar machen, dass wir Menschen als Teil der Natur mit ihr und ihrer Existenz unmittelbar verbunden sind. Sie geben uns einen beispielhaften Einblick in den ständigen Kreislauf der Natur und ihrer Geschichte von Entstehung, Dasein und Vergehen. Ein Besuch spendet für alle, die sich auf das Naturerlebnis einlassen wollen, Entspannung, Erholung und Inspiration. Zur Förderung des Naturerlebnisses bieten die Nationalparkverwaltung und ebenso ihre Partner wie die ehrenamtlichen Naturschutzverbände zahlreiche Naturerlebnis-Aktivitäten an. Dazu gehören neben Führungen und Veranstaltungen auch die Bereitstellung von Informationsmaterial sowie die Einrichtung von Erlebnispfaden und Vermittlungsmöglichkeiten. Die Nationalpark-Betreuer vor Ort geben genauso Auskunft über besondere, regional bedeutende „Leckerbissen" wie auch über besondere Regelungen und „Tücken".

Natur als Lern- und Erfahrungsort

Um die Kräfte der Natur, die Auswirkungen der Besucherströme und die noch stattfindenden traditionellen Nutzungen auf die Entwicklung der Lebensgemeinschaften besser zu verstehen, werden in den Nationalparken besondere aufeinander abgestellte Umweltbeobachtungsprogramme durchgeführt. In deren Rahmen werden z.B. die Wasserqualität, die Entwicklung von Salzwiesen, Dünen und Wäldern, die Anzahl der Brut- und Zugvögel oder die Bestandsentwicklung der Seehunde überwacht. Aus den Ergebnissen lassen sich nicht nur Erkenntnisse auf das natürliche

Kräftespiel der Natur, sondern auch auf den Erfolg bestehender Schutzmaßnahmen schließen. Für unser Verständnis einer zukunftsfähigen Nationalpark-Entwicklung sind solche Kenntnisse sehr wichtig.

Fünf Nationalparke an Deutschlands Küsten

Nationalpark Niedersächsisches Wattenmeer
Lage: Zwischen Ems- und Elbemündung
Gründung: 01.01.1986
Größe: ca. 3460 km^2
Gebietsbeschreibung: Watt- und Flachwasserbereiche einschließlich Sandbänke und seewärts vorgelagerter Riffe bis teilweise zur 3-Seemeilen-Grenze und darüber hinaus; Salzwiesen, Dünen, Moore, Heideflächen. Bewohnte/bewirtschaftete Inselbereiche sowie die Seeschifffahrtstraßen von Weser, Jade und Ems sind (fast) ausgeschlossen
Info: Nationalparkverwaltung Niedersächsisches Wattenmeer. Virchowstr. 1; 26382 Wilhelmshaven
www.nationalpark-wattenmeer.de
Infozentrum: UNESCO-Weltnaturerbe Wattenmeer Besucherzentrum, Südstrand 110b, 26382 Wilhelmshaven

Nationalpark Hamburgisches Wattenmeer
Lage: in der westlichen Elbemündung
Gründung: 09.04.1990
Größe: ca. 138 km^2
Gebietsbeschreibung: Watt- und Flachwasserbereiche seewärts bis zur 3-Seemeilen-Grenze, Dünen, Salzwiesen, Sandbänke, drei Inseln einschließlich der bewirtschafteten Insel Neuwerk
Info: Nationalparkverwaltung Hamburgisches Wattenmeer; c/o Behörde für Stadtentwicklung & Umwelt; Stadthausbrücke 8; 20355 Hamburg
Infozentrum: Nationalpark-Haus Neuwerk
www.nationalpark-wattenmeer.de

Nationalpark Schleswig-holsteinisches Wattenmeer
Lage: von der Elbemündung nordwärts bis zur dänischen Grenze
Gründung: 01.10.1985
Größe: ca. 4410 km^2
Gebietsbeschreibung: Salzwiesen, Sandbänke, Watt- und Flachwasserbereiche seewärts der Hochwasserschutzanlagen bis zur 3-Seemeilen-Grenze sowie ein Walschutzgebiet vor Amrum und Sylt bis zur 12-Seemeilen-Grenze. Die Inseln mit Ausnahme von Trischen sowie die Halligen Südfall und Norderoog sind ausgeschlossen.

Infos: Nationalparkverwaltung Schleswig-Holsteinisches Wattenmeer; Schlossgarten 1; 25832 Tönning
Infozentrum Multimar Wattforum, Tönning
www.nationalpark-wattenmeer.de

Nationalpark Vorpommersche Boddenlandschaft
Lage: von der Westküste des Darß bis zu Westküste Rügens
Gründung: 01.10.1990
Größe: ca. 805 km^2
Gebietsbeschreibung: Steil- und Flachküsten, Strände, Boddengewässer und Flachwasserbereiche der Ostsee (bis 10 m Tiefe), Windwatten, Dünen, Heiden, Trockenrasen, Röhrichte, Salzwiesen, Erlenbrüche, Kiefern- und Buchenwälder. Ortslagen und bebaute Bereiche sind ausgeschlossen
Infos: Nationalparkverwaltung Vorpommersche Boddenlandschaft; Im Forst 5; 18375 Born/Darß
Infozentrum: Die Arche, Bliesenrader Weg 2, 18375 Wieck
www.nationalpark-vorpommersche-boddenlandschaft.de

Nationalpark Jasmund
Lage: im Nordosten der Insel Rügen
Gründung: 01.10.1990
Größe: 30 km^2
Gebietsbeschreibung: Kreidefelsen, Geröllstrand und Flachwasserbereiche der Ostsee (bis 10 m Tiefe), Buchenwald, Seen, Moore, Bäche
Infos: Nationalparkamt Nationalpark Jasmund; Stubbenkammer 2a; 18546 Sassnitz
Infozentrum Königstuhl; Stubbenkammer 2; 18546 Sassnitz
www.nationalpark-jasmund.de

Wo man was erleben kann

Außer Natur pur zwischen Niedrigwasserlinie, Flutsaum, Dünenketten, Klippen und Hochufer bieten die Küstenabschnitte an Nord- und Ostsee noch mancherlei weitere beachtenswerte Hingucker: Vom Dollart bis Usedom findet sich eine große Anzahl von Informationszentren, Sammlungen oder sonstigen Anlaufstellen mit einem breiten Angebot an Aktivitäten zum Themenfeld Küstennatur. So ist naturnaher Urlaub mit viel Infotainment auch dann möglich, wenn das Wetter einmal nicht so ganz gut ausfallen sollte. Die nachfolgende (keineswegs vollständige) Zusammenstellung erleichtert Ihnen Ihre Planung für Kurzurlaube oder längere Küstenferien. Öffnungszeiten und aktuelle Angebote von Exkursionen, Führungen bzw. Vorträgen sind unter den angegebenen Internetadressen abrufbar.

Walskelett im Deutschen Meeresmuseum Stralsund

Erlebniszentrum Naturgewalten in List auf Sylt

Niedersachsen

- Nationalparkverwaltung Niedersächsisches Wattenmeer, Virchowstraße 1, 26382 Wilhelmshaven, www.nationalpark-wattenmeer.de
- Welterbe- und Nationalpark-Zentrum „Das Wattenmeerhaus", Südstrand 110b, 26382 Wilhelmshaven; www.wattenmeerhaus.de
- Nationalpark-Haus Greetsiel, Schatthauser Weg 6, 26736 Greetsiel, www.nationalparkhaus-greetsiel.info
- Nationalparkschiff „Feuerschiff Borkum", Am Nordufer, 26757 Borkum, www.feuerschiff-borkumriff.de
- Seehundstation Nationalpark-Haus Norden-Norddeich, Dörper Weg 24, 26506 Norden-Norddeich, www.seehundstation-norddeich.de
- Nationalpark-Haus Dornumersiel, Ol Dep 7, 26553 Dornumersiel, www.nationalparkhaus-dornumersiel.de
- Nationalpark-Haus Carolinensiel, Pumphausen 3, 26409 Wittmund-Carolinensiel, www.wattwelt.de

- Nordseehaus Wangerland, Kirchstraße 9, 26434 Wangerland, www.nordseehaus-wangerland.de
- Naturkundehaus Bensersiel, Seestraße, 26427 Bensersiel, www.haus-willner.de
- Museum Nationalpark-Haus Fedderwardersiel, Am Hafen 4 26969 Butjadingen, www.museum-fedderwardersiel.de
- Nationalpark-Haus „Rosenhaus“, Friedrich-August-Str. 18, 26486 Wangerooge; www.nationalparkhaus-wangerooge.de
- Nationalpark-Haus Baltrum, Haus Nr. 177, 26579 Baltrum, www.gezeitenhaus-baltrum.de
- Nationalparkhaus Juist, Carl-Stegmann-Str. 5; 26571 Juist, www.nationalparkhaus-juist.de
- Nationalpark-Infozentrum Dangast, Zum Jadebusen 179, 26316 Varel, www.wattenmeerhaus.de
- Umweltpädagogische Station Sehestedt, www.natur-erleben.niedersachsen.de/suche/naturerleben-2906-900000005.php
- Umweltzentrum Witbülten, Hellerpad 2, 26474 Spiekeroog; www.wittbuelten.de
- Nationalpark-Haus Land Wursten, Am Kutterhafen 1, 27632 Dorum, www.nationalparkhaus-landwursten.de
- Niedersächsisches Deichmuseum, Poststraße 16, 27632 Dorum, www.nds-deichmuseum.de
- Museum für Wattenfischerei, 27638 Nordseebad Wremen, http://www.museum-wremen.de
- Welterbe- und Nationalparkzentrum Cuxhaven, Hans-Claußen-Straße 19, 27476 Cuxhaven-Sahlenburg, www.cuxhaven.de/staticsite/staticsite.php?menuid=98&topmenu=98
- Natureum Niederelbe Neuenhof 8, 21730 Balje/Ostemündung, www.natureum-niederelbe.de
- „Vogelkieker“ – mobile Beobachtungsstation; c/o Verein zur Förderung von Naturerlebnissen e.V. Am Sande 4, 21682 Stade, www.vogelkieker.de

Hamburg

- Nationalpark-Haus Neuwerk, 27499 Insel Neuwerk, www.nationalpark-wattenmeer.de/hh/lernen-und-erleben/informationseinrichtungen/nationalpark-haus-neuwerk
- Nationalparkverwaltung Hamburgisches Wattenmeer, c/o Behörde für Stadtentwicklung und Umwelt; Stadthausbrücke 8, 20355 Hamburg.de, www.nationalpark-wattenmeer.de

Schleswig-Holstein

- Multimar Wattforum Tönning, Am Robbenberg, 25832 Tönning, www.multimar-wattforum.de
- Nationalparkverwaltung Schleswig-Holsteinisches Wattenmeer, Schlossgarten 1, 25832 Tönning, www.wattenmeer-nationalpark.de
- Seehundstation Friedrichskoog, An der Seeschleuse 4, 25718 Friedrichskoog, www.seehundstation-friedrichskoog.de
- NABU-Naturzentrum Katinger Watt „Lina Hähnle-Haus", Katingsiel 14, 25832 Tönning, www.nabu-katinger-watt.de
- Schutzstation Wattenmeer: Wattenmeerhaus Hallig Hooge, Hanswarft 1, 25859 Hallig Hooge, www.schutzstation-wattenmeer.de
- Schutzstation Wattenmeer: Am Leuchtturm, Südhaus, 25881 Westerheversand, www.schutzstation-wattenmeer.de
- NationalparkHaus Husum; Am Hafen 3, 25813 Husum, www.nationalparkhaus-husum.de
- Schutzstation Wattenmeer: Kuno-Ehlfeldt-Haus; Steintal, 25997 Hörnum/Sylt, www.nationalparkhaus-husum.de
- Naturschutzgemeinschaft Sylt e.V., Naturzentrum Braderup, M.-T.-Buchholz-Stieg 3, 25996 Wenningstedt-Braderup, www.naturschutz-sylt.de
- Erlebniszentrum Naturgewalten Sylt, Hafenstraße 37, 25992 List auf Sylt, www.naturgewalten-sylt.de
- Carl-Zeiss-Naturzentrum Amrum des Öömrang Ferian, Strunwai 31, 25946 Norddorf/Amrum, www.naturzentrum-norddorf.de
- Naturzentrum Mittleres Nordfriesland, Bahnhofstraße 23, 25821 Bredstedt, www.naturzentrum-nf.wb-n.de
- Biologische Anstalt Helgoland, Aquarium, Kurpromenade, 27498 Helgoland, www.awi.de/de/institut/standorte/helgoland/aquarium
- Inselstation des Instituts für Vogelforschung „Vogelwarte Helgoland", An der Sapskuhle 511, 27494 Helgoland, www.ifv-vogelwarte.de
- Nordseemuseum Helgoland, Kurpromenade, 27498 Helgoland, www.museum-helgoland.de
- Verein Jordsand: Haus der Natur Wulfsdorf, Bornkampsweg 35, 22926 Ahrensburg, www.jordsand.de
- Zoologisches Museum der Universität Kiel, Hegewischstraße 3, 24105 Kiel, www.uni-kiel.de/zoologisches-museum
- Haus der Natur Cismar, Bäderstraße 26, 23743 Cismar, www.hausdernatur.de
- Museum für Natur und Umwelt Lübeck Mühlendamm 1–3, 23552 Lübeck, www.luebeck.de/tourismus/kultur/museen/natur-museum/index.html

- NABU-Wasservogelreservat Wallnau, Wallnau 4, 23769 Fehmarn, www.nabu-wallnau.de
- NSG Graswarder Naturzentrum, 23774 Heiligenhafen, http://schleswig-holstein.nabu.de/naturerleben/zentren/graswarder

Mecklenburg-Vorpommern

- Nationalpark Vorpommersche Boddenlandschaft, Im Forst 5, 18375 Born, www.nationalpark-vorpommersche-boddenlandschaft.de
- Nationalpark Jasmund, Stubbenkammer 2a, 18546 Saßnitz, www.nationalpark-jasmund.de
- Nationalparkzentrum Die Darßer Arche, Bliesenrader Weg 2, 18375 Wieck, www.darsser-arche.de
- Nationalparkzentrum Königstuhl, Stubbenkammer 2, 18546 Sassnitz, www.koenigsstuhl.com
- Nationalparkhaus Hiddensee, Norderende 2, 18565 Insel Hiddensee, www.nationalpark-vorpommersche-boddenlandschaft.de
- Ozeaneum, Hafenstraße 11, 18439 Stralsund, www.ozeaneum.de
- Deutsches Meeresmuseum, Katharinenberg 14, 18439 Stralsund, www.meeresmuseum.de
- Natureum Darßer Ort, www.meeresmuseum.de/natureum
- Bernsteinmuseum Ribnitz-Damgarten, Im Kloster 1–2, 18311 Ribnitz-Damgarten, www.deutsches-bernsteinmuseum.de
- Naturschutzzentrum Insel Usedom Karlshagen, Dünenstraße, 17449 Ostseebad Karlshagen, www.naturschutzzentrum-karlshagen.de

Quellerwatt auf der Halbinsel Wustrow/Wismarbucht

Beobachten rund um's Jahr

Gerade in Sachen spektakulärer Naturbeobachtungen gilt der alte Erfahrungssatz, dass man eben zur richtigen Zeit am richtigen Ort sein muss. Die nachfolgenden Tipps geben dazu einige Anregungen.

Kraniche

Kraniche brüten in Skandinavien und Osteuropa und verbringen den Winter unter den Korkeichen Spaniens. Auf ihrem Zug in den Südwesten treffen sie sich auf Sammelplätzen. Einer befindet sich an der Vorpommerschen Boddenküste in der Rügen-Bock-Region und der Halbinsel Ummanz. Etwa 70000–80000 Tieren wurden hier in den letzten Jahren gezählt. Zur Nachtruhe suchen die Kraniche im seichten Wasser der Windwatten der Halbinsel Zingst Schutz. Tagsüber halten sie sich in der näheren und weiteren Umgebung auf den abgeernteten Feldern auf. Die ersten Trupps fallen Mitte September ein. Bis Mitte Oktober sind die größten Konzentrationen zu beobachten. Der Haupteinflug erfolgt jeweils kurz vor Sonnenuntergang.

- Informationen Kranichzentrum Groß Mohrdorf (www.kraniche.de), Lindenstraße 27, 18445 Groß Mohrdorf, Tel. 038323 80540. Die genauen Öffnungszeiten werden im Internet bekannt gegeben.
- Beobachtungshütten des Nationalparks Vorpommersche Boddenküste finden sich bei Bisdorf und auf der Halbinsel Zingst. Schiffstouren von Zingst aus.
- Um dem immer größer werdenden Interesse von Tierfotografen Rechnung zu tragen, werden während der Rastzeiten im Bereich der Günzer Vogelwiesen (Rügen-Bock-Region, Nordvorpommern, 4 km westlich vom Kranich-Informationszentrum) drei Fotoverstecke zur Verfügung gestellt (www.kraniche.de/Aktionen/Fotohuetten.shtml).

Gastvögel an der Ostsee

Zahlreiche Watvögel (Limikolen) nutzen den hohen Norden als Brutplatz und verbringen den Winter in den Wattgebieten Westeuropas oder ziehen gar bis Südafrika. Einige nutzen Flugrouten entlang der Ostseeküste.

- Schlafplätze, auf denen sich die ziehenden und rastenden Vögel ausruhen, befinden sich entlang der Wiesen und Windwatten der vorpommerschen Boddenküste sowie um die Inseln Poel und Fehmarn (NSG Grüner Brink und Wallnau, www.insel-usedom-wollin.de/naturschutzgebiete, www.nabu-wallnau.de, www.langenwerder.de) und an der Ostseeküste von Schleswig-Holstein (z. B. Graswarder).

- Besonders in Eiswintern bieten sich geradezu phantastische Beobachtungen von Seevögeln an eisfreien Stellen des Greifswalder Boddens und der Wismarbucht an. Hier konzentrieren sich Arten, die man sonst von Land aus kaum zu sehen bekommt, darunter Gänsesäger, Eis-, Berg- und Reiherenten, Schell- und Tafelenten. Fast immer sind Seeadler über Konzentrationen von Wasservögeln zu beobachten.
- Ein gut erreichbarer Ausblick auf den herbstlichen Schlafplatz von Großem Brachvogel, Alpenstrandläufer, Knutt und Kiebitzregenpfeifer befindet sich nahe des Dorfes Gollwitz auf einem Hochufer, von dem aus man einen guten Einblick auf die Windwatten hat.
- Weitere ergiebige Beobachtungsstellen empfiehlt das umfassende Werk von C. Wagner und C. Moning (siehe Literaturverzeichnis S. 229f.).

Heringe

Nicht nur Wasservögel konzentrieren sich in den geschützten, nahrungsreichen Buchten und Bodden der Ostsee. Auch die Heringe suchen zum Laichen die inneren Küstengewässer zwischen Schlei und Greifswalder Bodden auf. Angler und Fischer stellen ihnen gerne nach. Auf der alten Brücke von Stralsund zur Insel Rügen bietet sich jährlich von März bis Mai ein Spektakel besonderer Art: Angler aus ganz Deutschland stehen hier Schulter an Schulter, um ihre Eimer mit Hering zu füllen.

Wale live

Wer Wale nicht als eindrucksvolle Skelette in Naturkundemuseen (beispielsweise im Deutschen Meeresmuseum/Ozeaneum Stralsund, S. 216f.) sehen möchte, könnte fast überall in der Welt mit speziell ausgerüsteten Booten auf die hohe See hinausfahren und zur Zugzeit der Wale die eindrucksvollen Tiere live erleben. Es geht aber auch praktischerweise sozusagen fast vor der Haustür und außerdem vom Strand aus: Akteure bei diesem Naturschauspiel sind die Kleinen Tümmler (auch Schweinswale genannt), die das ganze Jahr über an der Westseite von Amrum und Sylt ihre Nahrungsreviere aufsuchen und dort auch ihre Jungen zur Welt bringen. Schweinswale gehören eher zu den Zwergen unter den Zahnwalen. Besonders bei hohen Flutwasserständen kommen sie in einigen Strandbereichen, besonders bei Rantum und Hörnum, bis auf etwa 20 m an die Spülsaumlinie heran und jagen im Flachwasser nach Fischen, Krebsen und Garnelen. Meist treten die scheuen Meeressäuger in kleinen Schulen von 2–10 Tieren auf. Im Gegensatz zum Großen Tümmler, ihrem größeren Verwandten, springen sie jedoch nicht aus dem Wasser, sondern zeigen dem Beobachter am Strand beim Atmen allenfalls den Rücken mit der markanten Finne. Daran sind sie leicht von vagabundierenden Seehunden oder Kegelrobben zu unterscheiden. Im Frühjahr wandern sie mitunter auch weit in die größeren Flüssen hinauf. Die Westseiten von Amrum und Sylt gelten als die wenigen Orte an der Nordsee, wo man die Kleinen Tümmler ganzjährig regelmäßig beobachten kann.

Wat- und Wattvögel an der Nordsee

In den Wattgebieten an der Nordsee halten sich zu den Hauptzugzeiten (März–Mai sowie September–Oktober) über 3 Mio. rastende Vögel auf – neben Enten, Gänsen und Schwänen die gesamte langbeinige Verwandtschaft der Kiebitze, darunter Strandläufer, Wasserläufer, Regenpfeifer, Säbelschnäbler und rund weitere knapp 100 Arten. Die Nordseewatten sind immerhin eines der fünf vogelreichsten Gebiete der Erde.

- An zahlreichen Stellen bestehen exzellente Beobachtungsmöglichkeiten, wo die Vögel bei der Nahrungsaufnahme nicht gestört werden. Konkrete Hinweise erhalten Sie in den Infostationen (S. 217f.) oder in dem ausgezeichneten, vom NABU empfohlenen Werk von C. Moning und F. Weiß (s. Literaturverzeichnis S. 229f.).

Vogelfelsen Helgoland

Die Helgoländer Buntsandsteinklippen sind Deutschlands einziger Seevogelfels. Entlang der Westklippe brüten etwa 3000 Paare der pinguinähnlichen Trottellumme und fast 5000 der schwarzfüßigen Dreizehenmöwe. Seit wenigen Jahren gehören auch einige hundert Paare des Basstölpels dazu. Während der Brut- und Fütterungszeit, die bei den Alken bereits im Hochsommer endet, bei den Basstölpeln jedoch bis in den Oktober reicht, bieten die Seevogelkolonien an der Westflanke der roten Insel ein einzigartiges Spektakel. Längst reichen die wenigen Sandsteingalerien des traditionell besetzten Lummenfelsens (Naturschutzgebiet) für die Vielzahl der Brutpaare nicht mehr aus.

Seevogelkolonie auf dem Felsturm „Lange Anna" (Helgoland)

Im Herbst und Winter sind die steilen Felsklippen leer und verlassen. Nur Scharen von Möwen und Kormorane sitzen herum. Ab März werden die steilen Felsfassaden jedoch überraschend lebendig, wenn Tausende von Seevögeln innerhalb weniger Tage eintreffen und sich einen Sitz- und Nistplatz suchen.
Ein Besuch am Helgoländer Vogelfelsen ist besonders eindrucksvoll, wenn die Tagestouristen nicht gleichzeitig das Oberland bevölkern (ca. 12–15.30 h) und man ungestört beobachten kann. Trotz der großen Nähe zu den Brutplätzen lohnt sich die Benutzung eines Spektivs in jedem Fall (unbedingt mit kräftigem Stativ wegen des oft heftigen und böigen Windes), weil man so direkt in die Kinderstuben und versteckt liegenden Höhlen schauen kann, in denen die Eissturmvögel sitzen. Auch das Sozialverhalten innerhalb der dichten Kolonien ist so vom Klippenweg aus hervorragend zu beobachten. Regen- und winddichte Kleidung ist für längere Aufenthalte hilfreich, um nicht zu schnell auszukühlen. Zum Fotografieren direkt am Felsen eignet sich besonders sonniges, aber zugleich

diesiges Wetter, weil sich dann keine starken Schlagschatten bilden und trotzdem die Gefiederstruktur der Vögel noch deutlich hervortritt. Bei auflandigem Wind lassen sich die Vögel auch gut im Flug ablichten (mit der Meeresoberfläche im Hintergrund).
Für den Besuch am Vogelfelsen empfiehlt sich (auch) eine begleitende Führung durch Folgende:

- Verein Jordsand, Hummerbude 35, 27498 Helgoland (www.jordsand.de, www.meeresbuerger.de, www.birdinggermany.de/helgoland)
- Inselstation Helgoland des Instituts für Vogelforschung (www.ifv-vogelwarte.de)

Binnendeichgewässer in Nordfriesland

Wissenswert für Küstenforscher

Wo der Mensch in Mengen auftritt, ist er oft ein Störenfried der natürlichen Lebensgemeinschaften. Aber auch um den Druck auf die empfindliche bzw. bedrohte Natur zu minimieren, ist ein angepasstes Verhalten angesagt. Folglich wird jeder Naturliebhaber sich an bestimmten Grundsätzen orientieren, die man auch unter dem Begriff der Beobachtungsethik zusammenfassen könnte. Interessante Funde und aufregende Beobachtungen sind an der Küste auch von der Strandlinie aus möglich. Nur so kann ein wirksamer Naturschutz funktionieren:

- Oberster Grundsatz: Immer am Wohl der Tiere orientieren!
- In den Nationalparken bestehen Betretungsverbote für die Schutzzonen und Brutgebiete (Zone I): Respektieren Sie solche Einschränkungen.
- Wenn im Gelände besondere Markierungen fehlen, kann man daraus nicht voreilig den Schluss ziehen, dass man solche Bereiche einfach durchstreifen darf.
- Auf Wattflächen von Vogelansammlungen mindestens 300 m Abstand halten, um die Tiere nicht aufzuscheuchen.
- Grundsätzlich nicht in Hochwasserruheplätze wie Salzwiesen eindringen oder diese durchqueren.
- Keine illegalen Trampelpfade durch Dünen benutzen und erst recht keine neuen anlegen.
- Es versteht sich, dass wir keine Tiere töten oder unnötig beunruhigen. Angelzeug und anderes Jagdgerät ist für unsere Zwecke völlig entbehrlich.
- Steine im Watt nur halb anheben und vorsichtig zurück legen; nicht umgedreht liegen lassen – die darunter lebenden Tiere geraten sonst in enorme Stresssituationen.
- Was uns der Spülsaum zu Füßen legt, darf man aufsammeln und mitnehmen. Abreißen oder Abpflücken sind dagegen völlig tabu.

Grenzen beachten!

Paaß op!

Ungewöhnliche Motive für die Kamera: Kopf eines Buhnenpfahls

Nachdem der Schutz der Natur im Vordergrund stand, sollen nun ein paar hilfreiche Tipps für die eigene Sicherheit folgen:

- Vor längeren Ausflügen tages- und strandaktuelle Informationen aus dem Seewetterbericht für Nord- und Ostsee einholen (www.bsh.de/aktdat/bm/baden&meer.htm), für das Mobiltelefon aufbereitet unter http://mobile.bsh.de, ferner unter www.windfinder.com.
- An der Nordsee unbedingt die täglich verschobenen Tidenzeiten beachten – abrufbar unter www.bsh.de sowie bei vielen Naturinfozentren (S. 217f.).
- Ausgedehnte Wattwanderungen nicht allein unternehmen – lieber einer kundigen Wattführung anschließen.
- Sand- und Mischwatten sind einigermaßen fußfreundlich zu begehen. Größte Vorsicht ist dagegen bei Schlickwatten angesagt: Sie geben nach dezimetertiefem Einsinken die Extremitäten nicht allzu bereitwillig wieder frei.
- Bekleidung entsprechend dem Wetterbericht auswählen. Vorsicht vor der intensiven Sonneneinstrahlung an der See!
- Im Strandbereich nicht auf großen Steinen, Molen oder Buhnen balancieren – sie sind durch Algen glitschig.

Immer dabei

Die Erkundungen der Küstenlebensräume werden viel effektiver, wenn man ein paar nützliche Hilfsmittel dabei hat.

- Gezeitenkalender, Kompass, Signalpfeife
- Handlupe (Vergrößerung 6- bis 12-fach)
- Besser fernsehen: Fernglas, lichtstark und handlich (etwa 8 x 25 bis 10 x 20)
- Noch besser fernsehen: Für Vogelbeobachtungen fast ein Muss – das Spektiv
- Kamera (Digitalkamera mit Makrofunktion)
- Notizbuch (DIN A6) zum Festhalten von Fakten und Funden
- Bestimmungsbuch zum Kennenlernen von Flora und Fauna
- Flache Plastikschale (ca. 10 x 20 cm) zum zeitweiligen Beobachten von Meeresorganismen
- Sammeltüte zum Mitnehmen erlaubter Fundstücke (Muschelschalen, Algen, Vogelfedern)
- Taschenmesser, Pinzette

Bizarres Strandgut ist immer ein gutes Futter für die Kamera.

Zum Weiterlesen

Bergmann, H.-H.: Vogelfedern an Nord- und Ostsee. Finden und Bestimmen. Quelle & Meyer Verlag, Wiebelsheim 2010

Bundesamt für Seeschifffahrt und Hydrographie (Hrsg.): Naturverhältnisse in der Ostsee. Hamburg, Rostock 1996

Dierschke, J., Dierschke, V., Hüppop, O., Hüppop, K., Jachmann, K.F.: Die Vogelwelt der Insel Helgoland. OAG Helgoland, Helgoland 2011

Ehlers, J.: Die Nordsee. Wissenschaftliche Buchgesellschaft, Darmstadt 2008

Falk, G.C., Lehmann, D. (Hrsg.): Nordseeküste. Klett-Perthes, Gotha 2002

Falke-Redaktion (Hrsg.): Die 50 besten Vogelbeobachtungsplätze in Deutschland. Quelle & Meyer Verlag, Wiebelsheim 2011

Fischer, L. (Hrsg.): Kulturlandschaft Nordseemarschen. Nordfriisk Institutt, Hever 1997

Gemeinsames Wattenmeersekretariat (Hrsg.): Das Wattenmeer. Konrad Theiss Verlag, Stuttgart 2005

Gerlach, S.: Die Biodiversität der deutschen Nord- und Ostsee. Band 1: Checkliste der Fauna der Kieler Bucht und eine Bibliographie zur Biologie und Ökologie der Kieler Bucht. Bundesanstalt für Gewässerkunde, Bericht 1247, Koblenz 2000

Gosselck, F., Kinze, C.C.: Die Ostsee als Lebensraum für Meeressäugetiere. Deutsches Meeresmuseum, Stralsund 2011

Hamilton-Paterson, J.: Vom Meer. Mare Verlag, Hamburg 2010

Hayman, P., Hume, R.: Die Küstenvögel Europas. Franckh-Kosmos-Verlag, Stuttgart 2006

Hayward, P., Nelson-Smith, T., Shields, C.: Der neue Kosmos-Strandführer. Franckh-Kosmos-Verlag, Stuttgart 2006

Hecker, K., Hecker, F.: Naturwanderführer Nordsee. Bruckmann-Verlag, München 1999

Hecker, K., Hecker, F.: Steine, Federn, Muscheln. Naturkunst mit Kindern. Haupt Verlag, Bern 2010

Heydemann, B.: Neuer Biologischer Atlas. Ökologie für Schleswig-Holstein und Hamburg. Wachholtz Verlag, Neumünster 1997

Holt, K. von, Holt, J. von: Bernstein an Nord- und Ostsee. Sammeln – Bestimmen – Bearbeiten. Quelle & Meyer Verlag, Wiebelsheim 2012

Janke, K.: Schnecken, Muscheln & Tintenfische an Nord- und Ostsee. Finden und Bestimmen. Quelle & Meyer Verlag, Wiebelsheim 2010

Janke, K., Kremer, B.P.: Düne, Strand und Wattenmeer. Tiere und Pflanzen unserer Küsten. 6. Aufl., Franckh-Kosmos-Verlag, Stuttgart 2010

Janke, K., Kremer, B.P.: Das Watt. Tiere und Pflanzen im Weltnaturerbe. Franckh-Kosmos-Verlag, 3. Aufl., Stuttgart 2011

Karsten, U., Schumann, R., Witt, K.: Darß-Zingster Boddengewässer. Filter zwischen Land und See. Biologie in unserer Zeit, 33, 46–55 (2003)

Kremer, B.P.: Strandkorb Sammelsurium. Naturwissen für die schönsten Tage des Jahres. S. Hirzel Verlag, Stuttgart 2009

Kremer, B. P.: Wasser! Naturstoff – Lösemittel – Lebensraum. Ein Lern- und Lesebuch. Schneider Verlag Hohengehren, Baltmannsweiler 2010

Kürtz, J.: Kleines ABC des niedersächsischen Wattenmeers. Husum Druck- und Verlagsgesellschaft, Husum 2008

Küster, H.J.: Die Ostsee. C. H. Beck Verlag, München 2002

Landesamt für den Nationalpark Schleswig-Holsteinisches Wattenmeer / Umweltbundesamt (Hrsg.): Umweltatlas Wattenmeer. Band I: Nordfriesisches und Dithmarscher Wattenmeer. Eugen Ulmer Verlag, Stuttgart 1998

Meier, D.: Die Nordseeküste. Geschichte einer Landschaft. Boyens Medien GmbH, Heide 2006

Meier, D.: Weltnaturerbe Wattenmeer. Kulturlandschaft ohne Grenzen. Boyens Medien GmbH, Heide 2010

Moning, C., Weiß, F.: Vögel beobachten in Norddeutschland. 2. Aufl., Franckh-Kosmos-Verlag, Stuttgart 2010

Muus, B.J., Nielsen, J.G.: Die Meeresfische Europas in Nordsee, Ostsee und Atlantik. Franckh-Kosmos-Verlag, Stuttgart 1999

Muuß, U., Petersen, M.: Die Küsten Schleswig-Holsteins. Wachholtz Verlag, Neumünster 1971

Nationalparkverwaltung Niedersächsisches Wattenmeer/ Umweltbundesamt (Hrsg.) Umweltatlas Wattenmeer. Band 2: Wattenmeer zwischen Elb- und Emsmündung. Eugen Ulmer Verlag, Stuttgart 1999

Niedermeyer, R.-O., Lampe, R., Janke, W., Schwarzer, K., Duphorn, K., Kliewe, H., Werner, F.: Die deutsche Ostseeküste. Sammlung geologischer Führer Bd. 105, Verlag Gebr. Borntraeger, Berlin/Stuttgart 2011

Pott, R.: Die Nordsee. Eugen Ulmer Verlag, Stuttgart 2003

Reinicke, R.: Bernstein. Gold des Meeres. Hinstorff-Verlag, Rostock 2008

Reinicke, R.: Funde am Ostseestrand. Demmler Verlag, Schwerin 2008

Reinicke, R.: Feuersteine, Hühnergötter. Demmler Verlag, Schwerin 2009
Reinicke, R.: Inseln der Ostsee. DSV-Verlag, Hamburg 2001
Reinicke, R.: Küsten der Ostsee. DSV-Verlag, Hamburg 2003
Reinicke, R.: Nordseefunde. Demmler Verlag, Schwerin 2010
Rheinheimer, G. (Hrsg.): Meereskunde der Ostsee. 2. Aufl., Springer-Verlag, Heidelberg 1996
Redieck, M., Schade, A.: Dokumentation der Sturmflut vom 3. und 4. November 1995 an den Küsten Mecklenburgs und Vorpommerns. Rostock 1996
Rudolph, F.: Strandfunde sammeln und bestimmen. Wachholtz Verlag, Neumünster 2007
Rudolph, F.: Strandsteine sammeln und bestimmen. Wachholtz Verlag, Neumünster 2007
Rudolph, F.: Noch mehr Strandsteine sammeln und bestimmen an Nord- und Ostsee. Wachholtz Verlag, Neumünster 2008
Rudolph, F., Pittermann, D., Bilz, W.: Fossilien an Nord- und Ostsee. Finden und Bestimmen. Quelle & Meyer Verlag, Wiebelsheim 2010
Schreiber, E., Henker, H., Henker, I.: Die Pflanzenwelt der Wismar-Bucht. In: Die Wismar-Bucht und das Salzhaff. Meer und Museum 13. Schriftenreihe des Deutschen Museums für Meereskunde und Fischerei, Stralsund 1997
Sindowski, K.-H.: Das ostfriesische Küstengebiet. Sammlung geologischer Führer Bd. 57, Verlag Gebr. Borntraeger, Berlin/Stuttgart 1973
Sommer, U.: Biologische Meereskunde. Springer-Verlag, Heidelberg 1998
Steensen, T. (Hrsg.): Das große Nordfriesland-Buch. Verlag Ellert & Richter, Hamburg o.J.
Türkay, M.: Wattenmeer. Waldemar Kramer, Frankfurt/M. 1998
Wagner, C., Moning, C.: Vögel beobachten in Ostdeutschland. Franckh-Kosmos-Verlag, Stuttgart 2009
Weitschat, W., Wichard, W.: Atlas der Pflanzen und Tiere im Baltischen Bernstein. Friedrich Pfeil Verlag, München 1998
Wichard, W., Gröhn, C., Seredszus, F.: Wasserinsekten im Baltischen Bernstein. Kessel-Verlag, Oberwinter 2009
Yousef, M. A. M., Schubert, H., Nordheim, H. von (Hrsg.): Charophytes in the Baltic Sea – threats and conservation. Schriftenreihe für Landschaftspflege u. Naturschutz H. 72, Bonn-Bad Godesberg 2002
Zettler, M., Bönsch, R., Gosselck, F.: Verbreitung des Makrozoobenthos in der Mecklenburger Bucht (südliche Ostsee) – rezent und im historischen Vergleich. – Meereswissenschaftliche Berichte 42, 1–144, 2000

Register

Bildnachweis

Archiv Nationalparkverwaltung Hamburgisches Wattenmeer (Armin Jeß): 19

Blickwinkel (über Frank Hecker): 97 l, 158

Sven Dahlke: 163 ur, 206 or

Kurt Eisermann: 81 or, 98

Fritz Gosselck: Vorsatz, 28, 44/45, 48 o, 56, 57, 65, 78 or, 81 u, 112 ul, 113 ul, 118, 125, 130 ol, 131 or, 134/135, 136, 138, 139, 140, 143, 144, 150, 153, 155, 160 or, 161 ur, 162 or, 162 ul, 166 ur, 167 or, 208 ol, 210/211, Nachsatz

Michael Hassler (über Frank Hecker): 162 ur

Frank Hecker: 51, 66 o, 80 or, 81 M, 82 or, 82 ul, 82 ur, 83 ul, 83 ur, 97 r, 115, 131 ol, 131 ul, 132, 133, 164, 165, 166 ol, 166 or, 166 ul, 167 ul, 202

Klaus Janke: 12, 60 u, 61, 62, 63, 64, 66 u, 67, 68, 69, 70, 75, 78 ol, 78 ul, 78 ur, 79 ol, 79 or, 79 ur, 80 ol, 80 ul, 80 ur, 81 ol, 83 o, 84/85, 91 u, 92, 93, 94, 95, 99 o, 99 u, 102, 108, 109, 110 ol, 110 or, 110 ur, 111 o, 112 ol, 112 or, 112 ur, 113 ol, 113 or, 113 ur, 114, 128 or, 128 ur, 129 ol, 129 or, 130 ul, 130 ur, 131 ur, 149, 156, 160 ol, 160 ul, 160 ur, 162 ol, 163 ol, 163 or, 163 ul, 167 ur, 170, 179, 180, 186, 187, 188, 193, 194, 195, 197, 198, 199, 205 u, 206 ol, 206 u, 207, 208 or, 208 ul, 208 ur, 209

Tamara Kleber-Janke: 82 ol

Bruno P. Kremer: 2/3, 8/9, 10, 11, 13, 14, 15, 16, 17, 18, 22, 23, 24, 26, 27, 29, 31, 32, 36, 37, 38, 39, 41, 42, 43, 46, 47, 48 u, 52, 54, 60 o, 71, 73, 74, 76, 79 ul, 86, 87, 88, 90, 91 o, 96, 101, 110 ul, 111 u, 116/117, 120, 121, 122, 124, 126, 128 ol, 128 ul, 129 ul, 129 ur, 130 or, 137, 154, 161 o, 168/169, 172, 176, 177, 178, 181, 183, 185, 190, 191, 192, 196, 200, 201, 204, 205 o, 205 M, 212, 215, 216, 217, 224, 225, 226, 227, 228

Wolfgang Nehls: 167 ol

Ine Penz: 161 ul

Jürgen Reich: 159

Lilo Tadday: 103, 104, 238

Wilfried Wichard: 148